U0008186

Rich致富 73

一鳴驚人

Bang！: Getting Your Message Heard In a Noisy World

琳達・凱普蘭・薩勒 LINDA KAPLAN THALER
羅蘋・科瓦爾 ROBIN KOVAL◎著
地利亞・馬歇爾 DELIA MARSHALLL
楊謹忠◎譯

英屬維京群島商高寶國際有限公司台灣分公司
高寶國際集團

Rich致富館73

一鳴驚人

Bang!：Getting Your Message Heard In a Noisy World

作　　者　Linda Kaplan Thaler & Robin Koval
譯　　者　楊謹忠
主　　編　陳莉苓
編　　輯　范師豪
校　　對　范師豪　楊立強
出 版 者　英屬維京群島商高寶國際有限公司台灣分公司
　　　　　Global Group Holdings, Ltd.
聯絡地址　台北市內湖區新明路174巷15號1樓
網　　址　www.sitak.com.tw
電　　話　(02) 27911197　27918621
電　　傳　出版部　(02) 27955824　行銷部　(02) 27955825
郵政劃撥　19394552
户　　名　英屬維京群島商高寶國際有限公司台灣分公司
出版日期　2005年2月第1版第1刷
發　　行　希代書版集團發行/Printed in Taiwan

Printed in Taiwan
ISBN:986-7323-19-X

國家圖書館出版品預行編目資料

一鳴驚人／Linda Kaplan Thaler,Robin Koval,Delia Marshall 著；楊謹忠譯．—臺北市：高寶國際出版：希代發行，2005〔民94〕
面　；　公分．—（Rich致富館；73）
譯自：Bang！："getting your message heard in a noisy world"
ISBN 986-7323-19-X(平裝)
1.廣告 2.市場學
497　　94000356

你想要一鳴驚人嗎?

孫大偉

想要一鳴驚人!?沒什麼好大驚小怪的。因為廣告這個行業裡的每個人，幾乎都曾這麼想過!重點是，想的人比做到的人多太多!即使是真的一鳴驚人，其實也沒什了不起!三不五時，這個行業就會有人像中樂透一樣異軍突起!有個說法，這個世界，每個人都有機會當三分鐘的主角，滿傳神的!但是，如果有人能持續性的長時間一鳴驚人，那就值得我們深入去探討!其中，一定有些值得學習或是借鏡的門道。也就是說，想打全壘打，是每個棒球選手上場打擊的心願。所以，只是這麼想，並不特殊。重點是誰能做到!?而如果真的揮出全壘打，也沒有什麼好大呼小叫!因為，哪一個棒球選手，在他的棒球生涯裡，沒有全壘打的紀錄!?但是，如果這是一個場場都能轟出全壘打的選手，那麼他的經驗和心得，就值得同行的人用心探討。

「一鳴驚人」這本書是三個人的集體創作，他們是 KTG 集團的創辦合夥人，談論的主要都是他們集團的成功案例。從某個角度上，這本書有置入性行銷的影子，有老王賣瓜的嫌疑!但是，等深入的去嚐過瓜之後，會覺得這是個值得一嚐的甜瓜!

我並非一般大衆，我也是在同樣行業吆喝超過二十年的賣瓜人。

這本書值得一讀的原因，我認為並不是他們列舉了他們親手打造的一鳴驚人廣告，或是引經據典的舉證了業界的其他案例，而是他們很誠實也中肯的記錄了那些「過程」，不是一再強調冠冕堂皇的結果。

更珍貴的是，書中也透露了一些他們沒能達成一鳴驚人目標的失敗案例，並且也有虛心的檢討與改進。

「你怎麼去執行每件事，決定了這個創意是成還是敗！」

「從一鳴驚人的想法到眞正能夠一鳴驚人有很長的路要走！」

「一鳴驚人的想法必須用毫無瑕疵、堅定不移的態度在每個細節把它執行出來，這樣才能在業界一鳴驚人。」

「要銘記在心的是，事實上是細節造就了一鳴驚人，並且要讓整個公司都知道，本來可以避免的那些錯誤可能會毀了整個一鳴驚人的想法。」

隨手摘錄了幾段書中的話，覺得作者確實是內行的高手，並且也有誠懇的意願與人分享心得。問題是，我相信大部分看這本書的人，會有意無意的忽略這一部分的文字！而急著把目光的焦點投注在一鳴驚人的成果展示。

急功近利是人的天性之一，其實我自己也是一樣，成天想著如何一飛衝天、一戰成功、一舉揚名、一炮而紅……一步登天，卻忘了去注意細節的執行和基本的馬步工夫。

每個人都期待自己能頓悟成佛，而忽略了其實一剎那的頓悟發生，是源於多少世的漸悟累積。

一鳴驚人這本書，正式出版後，我會買來分送廣告界的一些小朋友，如果你不在我的贈書名單內，奉勸你最好自己快去買一本！

這已經算是行動，不是僅有空想！除非……除非你不想在這個行業裡「一鳴驚人」！

資深廣告人

創意，就是這麼搞滴

梁曙娟

且慢！先別把書放下，給我幾分鐘告訴你為什麼你應該買這本書。

記得「草本精華」洗髮精的廣告嗎？對對對，就是那個在飛機的洗手間裡，有個年輕女孩一邊洗頭髮一邊發出像達到高潮般的叫聲，結果透過擴音器傳遍整個機艙，弄得所有乘客瞠目結舌，其中一位年紀較大的女乘客還指名要買這瓶能帶給女人愉悅享受的洗髮精廣告。

這個令大家印象深刻的廣告，打破一般洗髮精廣告都是用漂亮的女孩在鏡頭前微笑回眸，甩出一頭閃亮秀髮的刻板印象，讓可麗柔這個已經年過三十差點走入歷史的老牌子，重新成為全美第二大護髮品牌，並且攻佔了全球六十二個市場；而這個系列廣告的創意正是出自於本書作者琳達・凱普蘭・薩勒（Linda Kaplan Thaler）之手。

我說得沒錯吧！這種「一鳴驚人」的創意，是每一個像你一樣的廣告行銷人、產品或品牌負責人，甚至企業的經營者夢寐以求的「原子彈」，因為你很清楚，在這個資訊爆炸的時代裡，消費者已經習慣以「裝聾作啞」來面對那些企圖想要和他們溝通的廣告訊息。除非你能用更具爆炸性的創意震醒他們，否則你每年投入的廣告預算，辛辛苦苦做的廣告就像燒紙錢給好兄弟一樣，只能求個心安而已，誰也不能保證這筆錢花下去有沒有效果。

我知道。我完全了解。你過去看過太多談如何做廣告，如何創造成功的行銷活動的書（那些作品還不乏大師學者級人物嘔心瀝血的結晶呢！），看完之後總覺得有點不對勁，就好像上美容院去給人家洗頭，還沒抓到癢處，洗頭髮的小妹就要你去沖水，心裡難免會咕噥著：「講策略講觀念講趨勢講理論，就是沒講到底要怎麼樣才能生出好創意！」對你來說，「什麼是爆炸性的大創意」已經不是重點，「如何找出爆炸性的大創意」才是關鍵！否則看一本兩百多頁卻沒講到重點的書，還不如去華納威秀看一部周星馳的「功夫」，或翻翻那些只有圖沒有說明的Archive！

很高興終於看到一本談廣告創意，而且真正適合我們這種創意人看的書。

首先，這絕對不是一本藉闡揚創意之名，行公司宣傳之實的公關之作。KTG 這家成立僅六年的廣告公司在二〇〇二年到二〇〇三年間成長了百分之二十三，營業額高達四千三百多萬美元，當她們宣稱自己能夠為客戶帶來「一鳴驚人」的創意時，已經先以實力證明自己擁有「一鳴驚人」的能力。

其次，兩位作者一位是創意人員出身，一位擁有行銷策略背景，在許多談廣告行銷的書裡面，「如何做出有策略性的創意」是最少被深入探討的重點，這樣的組合，讓書中所談到的成功案例都能清晰地看到，一個具有爆炸性的創意從研發到爆發的發展脈絡。她們提到的「大爆炸理論」，正是用來創造具有策略性，在這個嘈雜的世界裡震醒那些又聾又啞的消費者，一鳴驚人的大創意。而這個理論可不是你看過的那些深奧難懂的大師級理論，它簡單得讓人興奮，因為你會發現只要你稍稍注意或做一些改變，就能實踐這個「大爆炸理論」。

你問我有多簡單？比如說，要容許雜亂，甚至偶爾應該製造混亂；辦公室最好小一點，而且不要用日光燈；開會的時候一定要吃甜點；不要因為自己是從事流行尖端的廣告工作就刻意擺酷裝成熟扮聰明；要相信女性的直覺……等等，夠簡單了吧！當然啦，作者說的會比我更有條理、更具體、更精彩些。

不過，書裡面最吸引我，也是我最想要推薦給你看的原因，就是作者那種「親切而真誠，帶有一點婆婆媽媽的碎碎唸口吻」，讓她在描述一些成功案例的背景，包括難搞的客戶、沒什麼競爭力的產品、少得可憐的預算、超趕的提案時間，鉅細靡遺，歷歷清晰，就像是昨天才發生在我們身邊的事情，閱讀起來特別能夠感同身受，你會不知不覺地被這位能想、能寫、能歌、能演的凱普蘭女士拉進她豐富又精彩的爆炸經驗裡，一口氣看完這本將近三百頁的作品。

好了，我已經超過我該寫的篇幅了，那些精彩的案例就請你自己慢慢欣賞體會吧！如果你還是覺得這本書無法幫助你創造出爆炸性的大創意，那你也許可以研究一下《我愛周星馳》一書中〈論香蕉與周星馳的比較應用分析〉或〈折凳的五大功用〉，對於活化你僵硬的腦波應該有所幫助。

李奧貝納廣告公司策略規劃總監

二〇〇五．一．二十二

于台北

這一生，你到底做過什麼驚人之舉？

黃文博

無論你喜不喜歡，世界上有些事硬是打破按部就班的規矩，而以出人意表的方式突然崛起。大自愛因斯坦發表超越常人智慧所能理解的天文物理鉅獻「相對論」，小至二〇〇四年席捲全台影藝廣告圈的「名模爆紅事件」，似乎都在它們應該依循的正常進化軌跡之外，在某個特定時點畫出一個極速向上揚昇的曲線。

其實，當生物學家正在以新的證據質疑達爾文進化論的現代，長久以來被所謂「循序漸進」說法所制約的我們，的確必須面對傳統人生價值觀崩解的現實，以及更多顛覆性論述出現的可能。

換言之，你可能要試著忘掉一些代代相傳的道理，例如：「只要功夫下得深，鐵杵磨成繡花針」、「成就是靠一分天賦，外加九十九分的努力而成」、「只問耕耘、不問收穫」……，類似的錚言古訓，根本是農業社會生活情境下的產物，或者是封建統治者壓制人民自由思考能力的緊箍咒，當作勵志教材，勉強可以；用作人生規範，大有問題。

像年輕人創業動機強烈，寧可創業失敗也不願受僱於人。用舊道理看，根本是自不量力、眼高手低，妄想一步登天！應該自基層步步為營，像爬樓梯般拾級而上。果真如此，就是在用「印刷時代」的心態評價「數位時代」的想法，十分落伍。畢竟，時代進步的速度早已十倍速，你我在丟掉錄音帶，接納 CD、MP3 的同時，為何丟不掉盤據心中的老觀念、舊做法？

連宇宙都極有可能在一陣「大霹靂」之後突然形成，名模又為什麼不可以爆紅？「一鳴驚人」的現象越來越不是稀有的個案，而是你可以選擇的一種生活方程式。

在新舊時代交替的十年或二十年間，你可以堅持爬樓梯式的人生觀，風險小，刺激感只有一分，回報大概也只有一、二分；你也有權力替自己找出更有效、更有利的路徑，縮短等待時間，減低嘗試錯誤的機率，取得最佳回報。

我認識一位剛服完替代役的年輕人，他當初欣然接受了遠赴海外友邦、深入不毛之地的安排，擋掉了父母和女友勸他留在台灣的請求。結果因為此一選擇，他獲得當地商人的友情及信任，現在居然做起對該國輸出貿易的生意。說穿了，所謂「一鳴驚人」並不是等待上帝點名降福於你，其中關鍵在於你相信「機會」，還是「命運」？

相信「命運」的人，總認為「人生本該如此」，碰到順境心想「應該如此」；遇到逆境心想「活該如此」，缺乏挑戰的鬥志與創新的勇氣，一輩子只敢走別人鋪好的路，甚至只敢走柏油路，連高速公路或黃土路都不願嘗試。你想成功二字怎麼會和這種人沾得上邊？反之，相信「機會」的人，除了承認「太陽東起西落」是世上唯一不變的真理，壓跟兒不認為有任何事是一成不變的死道理。

因此這種人隨時在尋找可能性。他不安於現狀，好勝心驅使他走在前面，榮譽感使他推陳出新。這種人就算考了一個一百分也不滿意。你問他有什麼比一百分更高的？他會回答你：「考第二個一百分！」

世界是靠這種人推動，人類文明因他們的存在而生生不息，他們是軍人中的巴頓將軍、發明家中的愛迪生、電腦產業中的比爾．蓋茲、傳播業界的梅鐸，也可以是咖啡館的經營者、網路虛擬商場的建構者、每天喝八杯刺激性飲料的企劃人、大搞政治噱頭的政客……。

本書中的廣告公司（KTG 集團）正好是最容易創造一鳴驚人效果的行業。作者在書中不斷舉出一鳴驚人效果的廣告實例，對從事廣告二十多年的我來說，一點都不陌生。事實上，身為廣告人，我和我的工作夥伴

推薦序

幾乎天天窩在公司處心積慮的想弄一些一鳴驚人的名堂——專業行話叫「話題性廣告」。數年前，我們替某名牌牛仔褲做廣告，說品牌新推出低腰褲，按正常思維，應該在「腰」上做文章，我們也真的想了些與「腰」相關的概念。例如「腰（妖）怪」、「腰瘦（夭壽）」……，但總覺得仍框在別人也想得到的範疇中，玩玩文字遊戲罷了，新意不足。最後，在一番「拒絕（舊遊戲規則）→打破（傳統窠臼）→創造（新事物）的過程」之後，我們將推廣低腰褲的焦點由腰部移至臀部，強調「就算沒有小蠻腰，一樣可以創造優美的臀部曲線」。而以「哈低腰」，重點在臀部的概念賦予低腰褲新的銷售可能。對廣告人或其他勇於接受「機會」的人而言，要一鳴驚人而做出驚人之舉，即便能夠在一時之間一鳴驚人，也難逃一敗塗地的命運。

那麼，該如何做才能有效的一鳴驚人呢？嗯，這不是我作這篇序的責任，而是你這個讀者的責任，你把這本書看完，一定會了解世界上何以有些人會成功，有些人會失敗的原因，並且學到成功者之所以能一鳴驚人的道理。

再次提醒你，一鳴驚人不是叫得大聲就行，你得先練好嗓子，選擇一個安靜的清晨，在人們將醒未醒之際，在別的公雞嗓子未開之際，登上高處引吭長鳴。這樣，你就一鳴驚人啦！

資深廣告人，就是廣告公司總經理

蕭文博

出書感言

因為許多人的努力，以及多年同僚的情誼，再加上各方贈予之建議，才使得《一鳴驚人》得以出版，在此我們想對所有協助過本書出版工作的人表達感謝之意。

首先必須感謝丹尼斯・拉森 (Denise Larson)，從二〇〇一年夏天開始，您便與我們共事至今，並於寫作期間對本書多所啓發與指導，希望此書出版後能獲得您所期待的成果。

接著是ICM審書專員理查・亞貝 (Richard Abate) 先生，因您賞識我們在書中所說的「大爆炸理論」，於是便極力推薦本書，促其完稿出版。我們對此深深表示謝意。

再來向本書之責任編輯，亦即任職於雙日出版社 (Doubleday) 之羅傑・修勒 (Roger Scholl) 與其助理莎拉・芮農 (Sarah Rainone) 表達我們的感激之情。您們為本書增加註解、潤稿修辭，才使得拙作能夠增添光采。此外並感謝梅麗蒂絲・麥吉尼 (Meredith McGinnis)、大衛・德拉克 (David Drake) 及蘿拉・皮勒 (Laura Pillar) 等本書之出版行銷業務；更感謝本書之發行人芭芭拉・凱府・亨利克斯 (Barbara Cave Henricks)、馬克・佛鐵 (Mark Fortier) 和琳恩・高得寶 (Lynn Goldberg) 等人，與發行本書之高得寶・麥度飛傳播公司 (Goldberg MacDuffie Communications)。您們對於出版行銷之專業與建議，我們感激在心。順道在此向電匠公司 (ElectricArtists) 之馬可・席拉爾 (Marc Schillar)、郝威・克蘭堡 (Howie Kleinberg) 與伊森・畢爾德 (Ethan Beard) 等工作同仁表達我們的感謝之意。

對於衆多新舊主顧，若沒有過去共事之過程，必定沒有本書所言的「大爆炸理論」，在此也一併表達我們的感謝之意。感謝麥曼努集團 (MacManus Group) 前主席與執行長洛依・博斯妥克 (Roy Bostock) 先生，您深信凱普蘭・薩勒製作群的實力，邀請我們加盟麥曼努／Bcom3 全球傳媒公司 (MacManus/Bcom3 global network)，若沒有您的加持，敝公司無法擁有今日的表現。接著感謝麥曼努／Bcom3 全球傳媒公司前總裁與

出書感言

營運長奎格・布朗（Craig Brown）先生，以及公眾廣告集團（Publicis）現任總裁與營運長羅傑・哈普（Roger Haupt）先生，兩位是敝公司的忠實盟友，亦為大力支持本書而貢獻良多。此外也感謝敝公司之美術總監惠特尼・皮爾斯伯理（Whitney Pilsbury）先生，您的才華橫溢，精湛的書籍封面設計，使得本書錦上添花。還感謝本書之美術設計史都華・皮特曼（Stuart Pittman）與尼奇・德非歐（Nikki DeFeo），您們所繪製之圖表讓本書更加精美。再來感謝本書之攝影師裘伊・齊賽（Joe Kelsey），您不只使封面增色不少，也幫敝人拍照。最後感謝羅賓・許瓦茲（Robin Schwarz），您在本書最後所寫的那一段幽默的結尾，具有畫龍點睛的效果。

在此感謝地利亞・馬歇爾（Delia Marshall）女士，您與我們共同執筆，增添了本書之文采、活力與內涵，我們對此深表感謝。

另外由衷地感謝世界著名之暢銷書作家詹姆士・派特森（James Patterson）對於本書的支持。您經營J・華爾特・湯普森事務所（J. Walter Thompson agency）的事蹟，成為寫作本書的靈感來源之一。此外也感謝J・華爾特・湯普森事務所之前執行長伯特・曼寧（Burt Manning）先生，您過去所提的建言是我們二十年來奉行不渝的理念。

我們寫作本書費時數月，這段期間敝公司之全體同仁亦為公司貢獻良多。譬如佛蘭・馬扎諾（Fran Marzano）與英乃達・戴敖瓦（Eneida DelValle）兩位助理，為了公司的業務廢寢忘食。譬如創意工作之經營總監葛瑞・齊陵（Gerry Killeen）先生，為公司提供許多有用的建言。譬如廣播主管莉莎・比佛寇（Lisa Bifulco）女士，為本書的考據費盡心血。譬如財務長安・蓋若（Ann Garreaud）先生，為公司財務報表勞心費神。譬如派吉・米勒（Paige Miller）先生的助理艾咪・費理斯（Amy Frith）女士，為本書所需的圖片用盡心思。譬如圖表設計師艾莉森・維奇多米尼（Alison Vicidomini），為本書所需之美術設計費心整合。以上同仁，我們感激不盡。

在眾多同仁之中，最需感謝的對象為敝公司之公關主管崔霞．肯尼 (Tricia Kenney) 女士，若沒有您的大力贊助，本書豈有成書之日？您於本書寫作期間，為我們安排會見書中所提之諸位貴賓，才得以充實本書之內容。此外亦感謝崔霞之助理桂葛．戴維斯 (Greg Davis) 與唐恩．臺拉扎斯 (Dawn Terrazas) 兩位同事，因為您們的四處奔波走訪，才有本書的銷售佳績。

感謝歐娜．羅賓森博士 (Dr. Ona Robinson) 提供的心理分析。

感謝我的好友艾文．格林伯格 (Evan Greenberg)、蕾瑟莉．雅各斯 (Leslie Jacobus) 和喬伊．芮拉 (Joe Rella)，以及全景媒體公司 (Allscope Media) 之工作同仁提供我們所需之專業技術。

感謝我的家屬佛列德、麥克和愛蜜莉．薩勒 (Fred, Michael and Emily Thaler) 與合夥人的家屬貝塔和馬文．凱普蘭 (Bertha and Marvin Kaplan)，以及肯尼和梅樂莎．科瓦爾 (Kenny and Melissa Koval) 於本書寫作期間，對我之支持與鼓勵。

最後感謝長久以來支持敝公司營運至今的 Clairol 公司前任總裁、Saks 公司現任副主席史帝夫．沙鐸夫 (Steve Sadove) 先生。敝公司剛成立時，全體員工才五個人，若非史帝夫力排眾議、大膽啓用，則敝公司怎會有發揮「大爆炸理論」之良機？更不可能有本書上市了。

我希望書中的理論能行遍商場，使人人受益。

倘若我們感謝的對象尚有遺漏，請您將名字寫在下面黑線之旁：＿＿＿＿＿＿，在此感謝您對於本書出版所做的貢獻。

Contents

第5章 停止思考

第6章 是什麼造成一鳴驚人？

Contents

Contents

第1章

到底什麼是一鳴驚人呢？

一鳴驚人的核心思考，其實是如何成為眾所矚目的焦點，而能夠一鳴驚人的想法常常是令人震驚、非常不同、太極端而無法不去注意到的。

在資訊時代，要引起別人的注意並不容易（因為是講廣告行銷，而不是教人成名），因為這個時代早已資訊爆炸。從高爾夫練習場上、提款機的螢幕上、甚至廁所的衛生設備上（對百威啤酒（Budweiser）而言，在這兒置入行銷是再好不過了），到處都充滿了訊息。幾年前，降落在芝加哥O'Hare機場的旅客從飛機的窗戶外望出去，一定會看到Altoids薄荷糖在機場屋頂上的巨幅廣告看板；那些在大都會裡努力工作的上班族現在搭電梯時可以抬頭注視廣告看板以免和他人眼神交會；Come-ons在咖啡杯、雨傘、火車通勤時刻表、購物車、貨車，甚至燈桿上做廣告。而我們在這頁也放了廣告。

如果你覺得這本書的第一頁不錯，你會喜歡其他的部分！

心動不如馬上行動，今天就去買《一鳴驚人》這本書！

那麼要如何讓別人聽到你的訊息呢？你的公司要怎麼樣跟顧客連結呢？

你需要一鳴驚人！

六年前，我們在紐約成立廣告公司KTG（The Kaplan Thaler Group）時，我們就體認到行銷學教科書中所教的一切，早就被淹沒在這資訊氾濫的社會裡而日漸不足。在過去二十年裡，我們曾經成功地執行過許多宣傳活動，但是，我們並不確定成功的原因。雖然我們知道這些宣傳活動都很受歡迎，和消費者能夠實質地溝通，也讓消費者印象深刻——甚至達到娛樂的效果。因此在我們更進一步之前，必須先瞭解在我們那些價值不菲的創意後面，是否隱藏了一些很科學的準則。我們必須瞭解我們思考和工作的方式有什麼獨特之處。有了這些認知之後，我們就不必在每次要開始新的宣傳活動時，老是有種從頭來過的感覺。

羅蘋（**KTG** 的行銷總監）那時候正利用她空閒的時間閱讀一些書，這些書的深度可以排得進高智商協會（**Mansa**）所推薦的專業書單。其中一本她潛心研究的正是宇宙生成學。有一天她對我提到：「像大爆炸那樣的一鳴驚人如何？那不是我們一直在替顧客做的事嗎？」沒錯。做廣告不是艱深難懂的火箭科學，這看起來好像是從物理到促銷洗髮精的大跳躍一樣，但如果我們越深入地去思考，就越會覺得這是一種正確的比喻。畢竟，我們最好的創意經常來自一些表面上很隨機的事件，我們在一種類似壓力鍋的環境中工作，一旦有機會釋放，就會成指數性地膨脹。雖然在瑞典諾貝爾基金會的人可能不知道，但是我發現了屬於 **KTG** 的大爆炸理論。

它真的有用！一鳴驚人的效應讓艾弗拉克（**AFLAC**）保險公司的年度銷售額成長了一倍。一鳴驚人的效應也讓草本精華（**Herbal Essences**）洗髮精從消失邊緣變成銷售額達七百五十萬美元的世界性品牌。一鳴驚人的理論讓 **KTG** 集團從名不見經傳的小企業，迅速躍昇為全美前百大的廣告商。從一九九七年兩千七百萬美元的廣告額，到二〇〇三年我們已經擁有為數眾多的藍籌客戶，和超過四千五百萬美元的廣告額。

所以，什麼是商場上的一鳴驚人呢？換句話說，要怎麼讓你的公司能夠一鳴驚人呢？首先，讓我們回想從前，回到很久很久以前。

在一百五十億年前，一切都在渾沌的狀態，那時沒有星球或銀河，有的只是無盡的空寂。有些人會把這種空寂的狀態形容成一種寧靜的平和，除了空寂之外還是空寂。事實上，這片空寂正在沸騰著，一種壓抑的能量所形成的原始爆炸在醞釀著。就像物理學家特瑞·蘇安（**Trinh Thuan**）在他的書《宇宙的誕生：大爆炸及之後》（***The Birth of the Universe: The Big Bang and After***）裡面所描述的，你可能沒有辦法看到這種沸騰的過程，因為它是發生在一個非常非常小，大約直徑只有三千分之一英吋的空間裡；而且整個過程是在非常高溫，超過攝氏一萬兆億度的狀態下進行。在這種狀態之下，就連 **tankinisu** 也沒辦法穿越。

然後，宇宙的時間突然開始運轉，宇宙的爆炸也開始出現。撞擊出許多不同的電子、光子及其他所有的物質。當這些物質被創造出來的時候，被其他的非物質所中和，但幸運的是物質比非物質還來得多，否則今天世界可能就要變成另外的模樣了。

但是宇宙並沒有因此停滯。它一直不斷地在向外擴張。宇宙一直不斷地生出星球、黑洞，到最後分裂出數十億個宇宙。慢慢的一些化學物質開始產生最原始的生化有機體。從最原始的阿米巴變形蟲逐漸演化出像人類這麼複雜的生命形態。對那些在學校上物理課時拼命翹課的人來說，他們可能會搞不清楚這樣的大爆炸理論。

這種大爆炸其實跟商場上的一鳴驚人是非常類似的。The Real Thing, iMac, Just do it, Gucci, Martha Stewart, *The Sopranos.* Starbucks（星巴克咖啡）都是很好的例子。這些知名的品牌在一開始都只是一個想法，然後很快就席捲市場。比如說 Gucci，在九〇年代初期它只是快要退流行的一家小型製造商，但就在 Gucci 提拔了一位資淺的設計師湯姆・福特（Tom Ford）之後，開始大放異彩。如今 Gucci 已經是全球流行時尚的代名詞。

我們的一鳴驚人理論事實上非常成功，我們相信它是為那些想要迅速增加市場佔有率的公司量身訂做的。

為什麼你的生意需要一鳴驚人呢？**其實一鳴驚人的理論是用來幫助一個品牌一夜之間在市場上迅速竄起**。在這個時間感減縮及競爭激烈的世界裡，沒有人有這麼多寶貴的時間讓人瞭解自己的想法。我們很多客戶都是上市公司，這也表示，他們生活在九十天的循環期裡頭，在每一季財務報表完成之前，必須承受達成當季目標的巨大壓力。一鳴驚人可以為一項產品創造不斷擴張的市場，讓偶爾使用的消費者變成忠實的愛用者。一鳴驚人的理論可以讓產品從一片混亂的市場中脫穎而出，吸引消費者的目光，也可以幫助你立即增加銷售額、完成交易、拿下合約。以下就是原因。

一鳴驚人具備強大破壞力

一鳴驚人的核心思考，其實是如何成為眾所矚目的焦點，而能夠一鳴驚人的想法常常是令人震驚、非常不同、太極端而無法不去注意到的。

市場上有太多同質性的東西。我們周遭充斥著許多產品及服務。我們常常會一再看到那些耳熟能詳的品牌，完全避不掉。當你在加州開車下高速公路時，會看到一整排的購物商場。包括 **Gap, Barnes & Noble, Old Navy, The Home Depot, Bed Bath & Beyond** 等等不同品牌，當然還有加油站。經過幾個紅綠燈之後，你會發現類似的情景又再度上演一次。還記得你上一次吃的速食是麥當勞或是漢堡王嗎？或許兩者之間的差別已經越來越小。

羅蘋最近一次去香港的時候，雖然她沒有放棄任何購物的機會，但最後並沒有帶任何東西回來。她回來時告訴我說：我在世界的另一端，一個陌生的異國都市裡，當我走出旅館大門，準備開始我的異國購物之旅，所看到的竟然都是我熟悉的招牌，像是 **Gucci, Chanel, Escada** 這一類的品牌。我想說買這些東西回紐約有什麼意義呢？到最後我發現其實香港跟紐約沒有什麼不一樣，只是多了一些中國餐廳罷了。

一鳴驚人的概念其實是在挑戰傳統智慧，讓人跳出他們既有的思考模式。根據經濟學人雜誌的報導，一個人每天會接觸超過三千多則不同的訊息，但是真正能夠被記住的是少之又少。這樣的結果就是很少有人會正襟危坐地專心聽你說話，你必須先破壞那些深植人心的框框，才有可能讓別人聽到你想表達的。

讓我用最近很成功的宣傳活動來舉例，主要是因為它出人意料之外。恐怖份子攻擊世貿大樓的數週之後，許多觀光客都對紐約市敬而遠之。BBDO（Batten, Barton, Durstine & Osborn，總收入排名在世界第六的廣告公司）前北美的總裁菲爾・杜森貝力（Phil Dusenberry）和BBDO前紐約的創意長泰德・賽恩（Ted Sann），兩個人發起了一項宣傳活動，希望讓人再次湧進紐約市。BBDO的團隊以每個人心中都有個關於紐約的夢想為起點，想出了這樣的口號：記得杜森貝力嗎？我們要說的是：回到紐約，找回我們的夢想吧。

BBDO團隊只花了一天的時間就完成了這樣令人振奮的文案，叫做「紐約奇蹟」。由許多知名人士擔任代言人，在紐約市完成他們的夢想，這其中包括了伍迪・艾倫（Woody Allen）在洛克斐洛中心溜冰（在一連串旋轉練習之後，伍迪・艾倫上氣不接下氣的說：「你不會相信的，這是我第一次嘗試冰刀溜冰。」）、亨利・季辛吉（Henry Kissinger是美國政壇重量級人馬，尼克森總統年代的美國國務卿。他曾因推動和平解決越戰，獲得諾貝爾和平獎）在洋基棒球場上跑壘、芭芭拉・華特斯（Barbara Walters是美國廣播公司（簡稱ABC）的新聞招牌節目"20/20"主持人，有「美國電視新聞第一夫人」之稱）在百老匯試演、勞勃・迪尼洛（Robert De Niro）和比利・克里斯托（Billy Crystal）在紐約感恩節梅西遊行（Macy's Thanksgiving Day Parade）中爭論誰該扮演火雞？誰該扮演鴿子？

杜森貝力說：「我們知道那是一個非常好的想法，但我們沒料到結果會這麼成功。」就在紐約市長朱利安尼在曼哈頓市政廳舉辦的記者會中播放這個廣告之後沒多久，杜森貝力接到 **MSNBC** 主播布萊恩・威廉（**Brian Williams**）打來的電話。他說：「如果你今天上我的節目，我會在節目中播放整個系列廣告，一則也不漏。」所以杜森貝力真的去上了節目。大部分的電視網在碰到類似的情形時，都只捐出一些廣告時間，但是這一系列的廣告最後在不同國家播放，甚至遠及日本。在前紐約市長朱利安尼的著作《決策時刻》（***Leadership***）中提到，這一系列的廣告助益非凡，不但重建紐約精神，也吸引世界各地的人回到紐約。

這一系列宣傳之所以那麼成功，主要是因為活動代言人平常都不出現在商業廣告裡。而那些拍攝地點也引起許多人的注意。在一個舉國哀悼且整個紐約市充滿了驚恐的時期，地點的選擇是需要一些紐約式的幽默才能吸引眾人的目光。

一鳴驚人不依循邏輯

橫向思考之父愛德華・波諾（**Edward De Bono**）說，解決問題需要放棄那些既有的、邏輯的思考過程，然後去重新排列、評估現狀。通常我們沒有想出更好的方法來解決問題，是因為現有的方法似乎還可以。如果街角有家戲院，為什麼我需要錄放影機呢？當初設計出家用錄放影機的 **SONY** 工程師可能會有這樣的反應吧。不過我們如果在思考的過程中容許一些不合邏輯的思考空間，我們就可以從既有的思考模式中跳出。從另一種觀點來說，不管你現在做的是什麼，你都可以試著去接受這樣的思考方式，因為最不合邏輯的行為，常常也是我們該做的事情中最合邏輯的。

如果你用很邏輯的思考來檢視，會發現很多所謂代表美國的產品事實上都非常荒謬。以休旅車 **SUVs**（**Sport Utility Vehicles**）來說，有誰會想開一輛連車庫都放不進去、吃油像喝水一樣、開太快還會翻車的車子呢？同樣的，如果要那些住在大都會的白領階級去開屬於藍領階級的卡車，也是不大符合邏輯的。但如果我們把車子作為是交通工具的邏輯思考，轉換成將車子當作是滿足個人幻想的非邏輯思考，那我們就比較容易瞭解，在一個多數人都感覺自我很微小或常常不受重視的世界裡頭，為什麼開一輛那麼巨大且重達一萬磅的車子能夠讓人覺得自己是很重要而無法被忽視的。所以像 **SUVs** 這樣的車子，儘管可能不大符合邏輯，卻是近十年來最受歡迎的車款。

有誰能料到星巴克（**Starbucks**）的成功呢？對很多人而言，如果咖啡癮犯了，就只能到街角小餐館買杯五毛美金的咖啡來滿足一下。之後開始出現賣 **Mocha Malt Frappuccino** 這一類調和式咖啡的地方，總是有很多人忍不住排在長長的隊伍後面，等不及從口袋裡掏出五塊美金來買杯咖啡。即使你花了五塊美金，也沒有服務生來幫你續杯，而且他們還很大膽地把最小份量的咖啡叫做 **Tall**（高），也許是希望你沒有注意到你多付了很多錢。而星巴克也成功地從一九八七年的十七家分店成長到二〇〇二年的五千家分店。難怪有人叫他們作

「鈔票之星（StarBUCKS）」。

二十年前如果你寫一份關於賣水的創業計畫，很可能你渴死了都沒有人會把錢借給你。許多人認為，只要打開水龍頭，水就可以喝了，而且是免費的。而後，出現了沛綠雅（Perrier）。就因為有個法國的天才突發奇想，何不在瓶子裡裝水，然後賣給美國人賺錢呢？突然之間，我們好像都開始相信喝比較貴的水，會讓我們更健康、更好、更聰明，也讓生活更精緻些。這樣的思考不是很不合邏輯嗎？你猜下一個是什麼呢？現在美國的各大城市裡，開始出現氧氣吧這樣的新玩意兒，為了讓許多人能呼吸新鮮的空氣，思考能更清楚，而這似乎也是許多人所需要的。

星巴克和沛綠雅都是很簡單的概念，一杯咖啡和一瓶水，用的卻是一種完全令人意外的方式，也滿足了許多人對於奢侈及要求與眾不同的複雜需求。科學家史泰罕・沃夫蘭（Stephan Wolfram），同時也是《新科學的基礎》（*The Foundation for a New Kind of Science*）的作者說：不管任何時刻，一個現象的發生，看起來似乎很複雜，多數人也都會理所當然地視之為一種由內在複雜機制所引起的結果。但我發現事實上這些複雜機制的背後，開始都是簡單的原因。

一鳴驚人這個行銷概念特別的地方，就是你並不需要高深的學識。你只要具備洞察的能力，去注意到許多事情並不像表面上看來的那樣簡單。你必須試著忘掉那些看起來很合理的解釋，放開自己去思考為什麼某一個品牌或產品會那麼吸引人？當你推銷一瓶水的時候，如果我們用非邏輯的思考方法，水其實是最不需要注意的地方（如果我的理解沒錯，這句應該是水最不重要，所以我把它改成這樣的句子）。所以，這樣深具爆炸性想法的行銷或廣告方式，只有同一個公司裡的人都能夠跳脫過去的經驗，接受這種非直覺式的思考方式之後，才能夠行得通。

一鳴驚人所帶來的衝擊具有戲劇性、立即性及不可逆性

一鳴驚人的行銷概念是一種「**非連續性的創新**」，這樣的思考具有破壞力。這種思考方式不是傳統漸進式或演進式的思維，反而比較注重如何以跳躍式的改變來解決問題。藉著對產品或服務前所未有的嶄新思考，衍生出來的想法也會轉換我們的行為模式或態度，進而徹底改變我們原本的觀念。

就是這樣的思考讓玩具製造大廠**Mattel**在一九八〇年代初期有非常成功的行銷。當時，他們的芭比娃娃在美國幾乎已經成為小女孩房間裡的必備玩具了。這種市場飽和度也給玩具製造商帶來莫大的壓力，因為他們很快就明白，未來的銷售只能仰賴芭比娃娃的衣服和飾品了。還好那時一位基層的產品經理吉爾•巴瑞德（**Jill Barad**）提出了非線性的行銷概念：認為芭比娃娃可以同時扮演不同的角色。她可以是個很有型的上班族、舞者、滑冰家或是小女孩心目中想要的任何角色。用這種全新的方式來行銷芭比娃娃也讓原本價值兩億美元的產品竄升至十九億美元的品牌。

聯邦快遞（FedEx）是另一個絕佳例子。在它出現之前，我們只能不斷等待信件趕快寄到。如果你在等待一份很重要的商業文件，而寄件的過程必須要花上五天時，你能做的似乎只有望著信箱癡癡地等。而聯邦快遞完全改變了這樣的過程。在休士頓星期二晚上所準備的報告，現在能夠像變魔術般地在星期三早上就出現在辛辛那堤的辦公室裡（當然透過網際網路的速度又另當別論）。

要締造「非連續性的創新」，你必須停止思考現狀及那些例行瑣事或是幻想最佳的情況會是如何。媒體大亨泰德·透納（Ted Turner）就以奉行「非連續性創新」而知名。當初他想建立一個二十四小時播放的新聞頻道，並且希望在全世界都有駐地記者時，每個人都覺得他瘋了。這怎麼可能行得通呢？有誰能夠從無到有把這樣的新聞頻道建立起來呢？這要花太多錢了，而且可能永遠都做不好。除此之外，沒有人會一天花二十四小時看電視新聞，而一天也沒有那麼多新聞可以播。透納認為這些都只是可以被克服的技術性問題，他堅持他的夢想。他把焦點放在對目標的堅持而不是過程中的障礙。結果證明，現在的有線電視新聞網（CNN）是新聞產業中讓同業最害怕的對手。

如果一項行銷宣傳是為了去創造出類似有線電視新聞網，或是聯邦快遞對文化的衝擊，那麼你會有更大的勇氣針對你手邊的問題提出全新的解決之道。

就拿寶鹼（Procter & Gamble, P&G）最近很成功的靜電式拖把來說，不禁令人感受到科技的神奇，這一系列產品不只把髒東西給刷掉，事實上布的本身就像一塊磁鐵利用靜電原理來吸附許多的灰塵。對於行銷者來說，他們需要很具破壞力的想法去說服消費者丟掉他們信任的掃把來使用這類的新產品。乍看之下，一種新式的拖把似乎不是那麼必備，但是在好幾次焦點團體的研究中，寶鹼全球清潔及衛生部門的主管羅伯・麥當勞（**Robert McDonald**）發現一項有趣的事情，只要每個人一提到自己使用的靜電式拖把時，就會開始微笑。這也讓研究人員有了行銷的另類想法，也就是在家做清潔工作可以是有趣的。「於是寶鹼對於產品的設計特別注意。」羅伯・麥當勞說：「以確保產品是可愛、有吸引力並且具有說服力的。」

從早期的研究開始，寶鹼就發現只要消費者開始使用靜電式拖把這類產品之後，他們就會深受吸引。**所以寶鹼利用店內示範及折價卷的方式讓靜電式拖把橫掃全球，原因就在於做家事也可以是很好玩的這種另類思考。**而這個成功的行銷策略也讓靜電式拖把系列為寶鹼創造出八億美元的銷售佳績。因為靜電式拖把，寶鹼也成功地在美國發展出叫做「快潔」（**Quick Clean**）的新產品，而這種把玩樂帶進居家清潔的行銷手法也開始向其他的產品延伸。

一鳴驚人無法被忽略

一鳴驚人的想法是很強烈的，這類想法是刻意被極端化的。你一定要堅持對這類想法抱著特定觀點。他們就像房間裡一隻重達六百磅的大猩猩一樣，讓人不得不做出反應，也讓人不得不處理牠。有些人會認為我們幫艾弗拉克保險公司所設計的艾弗拉克鴨，以及牠未曾中斷的叫聲很煩人。沒錯，越多人這樣想我們就越高興。也有些環保團體對我們替草本精華所做的廣告內容多所批評，而我們的反應是什麼呢？多多益善！

如果你有那種一定要別人恨你，才會記得你的想法，你可以換個角度想想，沒有人會恨香草口味的冰淇淋，但是你可以從很多地方買到它啊。不過，如果你跟一位喜歡品嚐冰淇淋的行家討論他最喜歡的口味，那他可能開始大作文章，告訴你上次他大老遠開了五英哩的車，就為了花三塊美金去買一盒知名的班傑利（**Ben&Jerry's**）特殊口味冰淇淋。

然而那些能夠一鳴驚人的想法並不都只是因為他們走的是非傳統路線，他們也都符合當時的潮流。如果你想在市場上去傳達一種訊息、一個想法、一種服務或是一項提案，你所提出的時間點是很重要的。星巴克的總裁霍華•舒茨（**Howard Schultz**）知道把歐式咖啡店引進美國街角的時機在什麼時候。他過人的洞察力在於他不止將產品限定在咖啡，它所提供的也是一種體驗、一個可以讓人連結的地方，為許多沒有時間放縱的人提供小小放肆的機會。它也是一個可以讓人覺得很富有的地方，因為多數人不僅可以負擔一杯三塊五毛的咖啡，還有餘力付小費給清桌子的人。

接下來還有一個例子，選對時機一鳴驚人。一九六八年波音公司輸掉了一個大型軍事噴射機合約的競標。他們決定不要浪費為競標所付出的心血，所以把原先的設計做了一些修正，變成載客用的飛機。大多數的航空專家在當時都覺得製造大型客機只是在浪費時間，因為每個人都認為超音速時代就要來臨，而協和式客機即將主宰天空。但是波音公司認為大多數人都希望享受搭乘飛機的便捷，而不是將飛機定位成貴族式的消費。

結果波音七四七成為史上最受歡迎的客機。它是世界上第一台大型噴射客機，而它大眾化的價格也為長途旅行帶來革命性的影響，因為人們開始可以負擔得起搭飛機的錢了。波音七四七的前身是波音七〇七，它是波音公司第一台噴射客機，雖然票價是許多人沒辦法負擔的，但它還是在國際客機市場上享有先驅的地位。而波音七四七幾乎把在它之前的所有客機都送入了歷史。我們今天能夠盡情地在加勒比海灘上享用雞尾酒，可能都要歸功於波音七四七。

一鳴驚人的事物是品牌的領導者

市面上其實有太多我們到處看得到而且獲利頗佳的一些非常成功的品牌或產品。而只有能夠大幅擺脫競爭對手的品牌，才有機會將自己提升到品牌領導者的地位。這些品牌領導者已經跳脫本身功能的實用性，而在多數人的日常生活裡扮演一定的角色。通常這些品牌還滿足了人類深層的需求和欲望，也因此大幅提升了他們在市場上的價值。

就好像你開 Lexus 時，你是跟著一輛設計精良、配備齊全的汽車一起在旅行。如果你開的是賓士，就會有一種雖然你還沒下車，你的人卻已經「到」了的感覺。開賓士車是一個人財務成功的象徵，代表一種社會地位，也好像是那些高級鄉村俱樂部不成文的入場券。如果你在Zales珠寶買結婚二十五週年紀念的鑽石耳環給你太太，她可能會笑得很開心，但如果你把鑽石耳環精巧地放在Tiffany經典的藍盒子中送她，她的眼睛會為之一亮，而且用充滿愛慕的眼神看著你，這時候你知道有可能以後你再也不用出去倒垃圾了。Tiffany的鑽戒象徵的是永恆的愛，這樣的愛大概也只有Tiffany的股東在得知某人付錢買Tiffany鑽戒時那種愉悅的心情可以比擬吧。

顯而易見的，柯達（Kodak）是當今最知名的品牌之一，而這其中大部分的原因要歸功於創辦人喬治・伊士曼（George Eastman）。他對於如何在影像產業裡一鳴驚人有著清楚的方向，雖然他從來沒有完成高中學業，但是在一八八八年他就成功地製造出第一台自己的相機，並命名為柯達相機。他為相機命名的過程中還有一些典故，他用母親姓氏的第一個英文字母K作為開頭。另外因為他是字謎遊戲的愛好者，所以在經過一連串字母的排列組合之後，最後選定了柯達作為相機的名字。因為有了這個鏗鏘有力的名字，再加上商標可以說是最搶眼的色彩組合——黃色和紅色，他很快就讓別人對公司的商標印象深刻。

而伊士曼所扮演的角色不久就開始對我們的文化產生更深遠的影響。他早期的照相機要十塊美金，而這樣的價格在當時是多數人沒辦法負擔的。之後，經過不斷的努力，伊士曼在一九〇〇年研發出布朗尼照相機（Brownie），這種照相機比他早期的照相機更容易使用，價格也更便宜。而由於機器容易操作、價格負擔得起，很快地照相機就開始在美國普及起來。事實上，布朗尼照相機獲得的巨大迴響，也讓伊士曼有機會創造行銷上最終的一鳴驚人。

在一九三〇年，布朗尼照相機問世三十周年，柯達公司進行了一項宣傳活動，他們在全美各地貼滿了廣告，上頭的文宣寫著：「各位爸爸媽媽，還有小朋友，如果你在一九一八年出生，就可以免費得到一台布朗尼相機。」結果在那一年過十二歲生日的小朋友，有五十萬個都得到柯達公司贈送的布朗尼相機。這項很大膽也很危險的行銷策略，奠定了下個世代對拍照的興趣。數以百萬的家庭開始用相機記錄他們珍貴的時刻，照相的時代正式降臨。柯達公司在美國已經變成用相片在說故事的人，而藉由相片來保存生命中最珍貴的時刻至今也有百年的歷史了。

一鳴驚人的效應是不斷擴展的

就像地球一樣，能夠一鳴驚人的想法也是不斷在轉動的。雖然這個想法可能必須以其核心思考為主，但是還得不斷地重新塑造及調整，以適應這快速變遷的世界。

時間回到一九八九年，當金頂電池的廣告主角兔子邦妮在電視上跳動時，牠一邊發洩怒火一邊快樂地行經一連串的假廣告，而這其中最核心的思考便是金頂電池能夠比其他品牌的電池持續更久。每一則廣告都像是很平常的廣告，只是兔子邦妮會突然插進來開始不停的打鼓。自然而然地，廣告主角邦妮也成為持久跟耐用最傳神的象徵，牠受歡迎的程度可以說遠超過同時期的其他任何廣告代言動物。

而邦妮接近偶像般的地位並沒有因為它出現在一百五十五支廣告後就消失。在過去十幾年間，牠出現在美國無數的社區活動裡，賣力地打著鼓，也變成熱汽球出現在空中，更將觸角伸進了虛擬空間裡。

金頂邦妮也被《廣告時代》（*Advertising Age*）選為二十世紀前十大廣告偶像，因為牠早已成為持久不斷的象徵。

我們**KTG**集團製作最成功的幾個廣告中，有一個廣告具備了以上提到的所有元素。這個廣告在同類型的廣告中造成了極大的震撼，因為它是很難被忽略的。這個廣告成功地塑造了一個可以代表那些覺得自己並不受重視的偶像，這個廣告本質上就是一鳴驚人的。事實上，它更像……

在一九九九年夏天一個蚊蟲孳生，令人發癢的假期裡，我決定要休息一下，離開令人發癢的感覺。在出發之前，我聽了答錄機裡的留言。在眾多留言裡，有一通是由帶著南方口音的女士所打來的。她說她在一家叫艾弗拉克的保險公司工作。我心裡想，艾弗拉克？聽都沒聽過！有可能是某一家區域性的小公司需要找人幫忙印一些廣告文宣吧。因為我每個星期都要接到許多這樣的電話，所以我也沒把這件事放在心上。我很快地就把這通電話交給羅蘋去處理，因為她的記憶力很好，總是可以記得很久以前的一些雞毛蒜皮的事情。羅蘋聽了那位南方女士的留言，也說她聽都沒聽過艾弗拉克這家公司。

通常廣告代理商對有客戶主動聯絡都是非常興奮的。不過如果像這種情形，從來沒有人聽過這家公司，這表示很可能他們的預算大概就只能夠填滿一隻撲滿吧。而他們竟然還是一家保險公司，我想他們大概不會是我們在找的大客戶吧。不過因為我們 KTG 集團有著很堅定的服務理念，所以每通電話我們都一定會回覆。

羅蘋回覆那位南方女士的電話之後，才知道對方是艾弗拉克公司的執行副總兼企業關係總監凱思琳・史賓塞（Kathelen Spencer），也瞭解他們公司設在喬治亞州哥倫布市。史賓塞女士的態度非常泰然自若、優美，也讓人有種上流社會的感覺。在那種南方式的親切感中，史賓塞女士告訴羅蘋，是她的朋友極力推薦讓 KTG 集團來幫助艾弗拉克提昇知名度，所以她才留言，看是否有機會可以與我們碰面聊聊。而羅蘋用她那不是很純正的紐約腔，不斷地想要旁敲側擊出到底艾弗拉克是怎樣的一家公司。

最後羅蘋發現艾弗拉克其實是在銷售某種附加式保險。史賓塞女士說艾弗拉克已經打了差不多十年的廣告，但是公司一直沒有很好的知名度（羅蘋心裡想著：「真不知道你們過去十年在做什麼？」）。史賓塞女士解釋說：「我們知道保險是很難銷售的一種商品，它並不性感，多數人也不喜歡想到它。我們其實是在找尋像 KTG 集團這樣的公司，雖然很小，但是很有爆發力及創造力，可以幫助我們提高知名度。」

好極了，又是一家不知名的公司想要用些許的預算，要求我們可以讓他們一夕成名。然而，像 KTG 集團這樣剛成立的公司是不會拒絕任何生意的。羅蘋告訴史賓賽女士 KTG 集團很樂意多瞭解他們的公司，而且也很希望儘快跟他們公司的團隊見面。最後，羅蘋問說：

「還有一件事，那就是貴公司的預算大約有多少呢？」

在廣告界裡頭，任何少於五百萬美金的預算都只能算是零錢吧。羅蘋心裡想：「這位來自艾弗拉克，很有禮貌的女士，大概也沒有兩、三百萬美金的預算。即使有，這個數目也只能夠印一堆海報。我得趕快把錢的議題搬上檯面，讓她瞭解一分錢一分貨的道理。」沒想到史賓賽女士有禮貌地回答說：「哦，去年我們花了四千萬美金。」羅蘋差點就讓電話掉在地上。她心裡馬上飄過兩個念頭，第一個就是這些人真的需要一家新的廣告代理商嗎？第二個就是我可千萬不能讓這條大魚溜走。

雙方敲定了兩星期後見面的時間，羅蘋掛掉電話，馬上召集了公司的其他人員，想要瞭解到底我們在跟何許人物打交道。很快地我們就發現艾弗拉克公司其實是一家很成功且名列財金五百大的公司，而且在紐約的股票交易市場裡也是很熱門的股票之一。

在美國境內有許多雇主都會提供艾弗拉克的保單作為員工的福利，因為它可以彌補傳統健康保單的不足，例如說除外條款或者職工失能。基本上艾弗拉克提供重大傷殘以及類似癌症這樣的嚴重病症的保險服務，而艾弗拉克也是當今提供這類附加保險的龍頭。

當艾弗拉克保險公司連絡我們的時候，他們已經跟同一家廣告代理商合作多年了。但是他們所做的廣告總是流於窠臼，了無新意。多數是用些催人淚下的故事，以溫馨的家庭作為背景，配上感人的台詞：「為什麼你需要這樣的保險？……因為它為這個家帶來了一份安全。」雖然這樣的廣告非常溫馨感人，而且集中在小孩跟家庭也常能引發人們的情緒。但是每一家保險公司都是這樣在做的，所以艾弗拉克保險公司的廣告很難做的和別人不同。而且艾弗拉克保險公司一年四千萬美金的廣告預算，雖然聽起來很多，但是如果跟美國其他大保險公司 **Allstate, MetLife** 比起來還是小巫見大巫。

經過我們兩週的調查顯示，艾弗拉克保險公司這幾年來已經在鄰近地區花了一億美金在做廣告，但是重點是沒有人聽過他們。對一家剛成立不久的廣告公司來說，這可是千載難逢的機會。所以我們一夥人浩浩蕩蕩地前往喬治亞州哥倫布市，與艾弗拉克保險公司的人開會。我們發現艾弗拉克保險公司其實是家族企業，經營者是丹尼爾・P・阿摩司（**Daniel P. Amos**），他是公司的總裁兼執行總監，也是公司其中一位創始者的兒子。阿摩司跟其他幾位決策者一起經營公司，他很友善且平易近人，但在那喬治亞家鄉式的風度背後，他其實是一位很幹練的生意人。

所以阿摩司想要他的廣告傳達什麼樣的訊息呢？不像一般的客戶，總是要求在三十秒的廣告裡塞進一堆資訊，那些資訊比地中海果蠅的基因圖譜還要多。阿摩司只有一個要求，就是要人們能夠記住他公司的名字。他們做了十年的廣告，卻沒人知道他們，也沒人知道他們在做什麼！阿摩司告訴我們，他常常出差到美國各地，但每一次被介紹出場的時候，似乎沒有一次介紹正確的。

最後確定下來的合作方式是這樣的：我們必須想出四個可能的提案，而這些提案也會跟他們現有的廣告公司所提出的四個提案來做比較，最後以得到最高分的提案勝出。

我問阿摩司有沒有任何他不想在廣告裡頭看到的東西。我們的創意是否有任何的限制？他馬上回答說：「沒有限制，任你發揮，因為我完全不想參與整個創意的過程。」我聽了很吃驚，因為對做廣告的人來說，這就像一個小孩說他寧願不過聖誕節而選擇多做一些功課一樣。尤其令人意外的是，阿摩司所經營的是一家賣癌症保險的公司，至少這一點應該是要說明的吧？

所以我必須再一次確認我所聽到的是正確的。就在整個會議要結束的時候，我看著阿摩司很謹慎地問說：「那是否要加進幽默的元素呢？」阿摩司環視會議桌上的每個人之後，看著我說：「我不管你是否要找一個全身赤裸的猛男在屋頂大跳艷舞，我也不管你做什麼，只要你讓大家都記得我們公司的名字。」我點點頭，開始收拾東西，也準備好向他保證我們一定會做出一個讓艾弗拉克家喻戶曉的廣告。

事實上，除了把公司改名為泰迪熊之外，我們對於要如何把艾弗拉克變成家喻戶曉的名字並沒有任何的想法。而艾弗拉克其實是一個很容易忘記的縮寫，它所代表的是美國家庭人壽保險公司（**American Family Life Assurance Company, AFLAC**），所以整件計畫又更形困難，但是我們公司的同仁都對大家的創作能力有很強烈的信心，每個人都深信一定會有人能夠想出驚為天人的創意。

我們有六個星期的時間去完成這項任務。接下來我們就只剩下五個星期，然後是四個星期，再來剩三個星期，緊接著是最後痛苦不堪的兩個星期，直到我們想出一鳴驚人的想法。

我們當然很努力地工作，也想出了許多不同的東西，包括了一些很感人的廣告文案、名人代言，或者是集體代言的方式。

就在最後期限到來的幾天前，在我們創意團隊裡兩位極有才華的人，湯姆和艾瑞克深信那一鳴驚人的想法還沒出現，我們仍然需要繼續努力。湯姆回想說：「每次只要我們想出一個廣告文案，甚至是我們認為很棒的，我們都會有一個疑問，那就是我們記得住這個廣告所要銷售的品牌是什麼嗎？我們都記得在超級盃的廣告空檔裡看過許多很精采、很棒的廣告，但是有誰能夠記得住那些廣告所要銷售的是哪些品牌呢？好像不盡然。」

之後艾瑞克就出去買午餐，然後花了一個小時在附近散步，同時腦中不斷地重複艾弗拉克這個名字。他越想越沮喪，心中嘀咕著這世界上有那麼多的名字，為什麼要選一個那麼難記的呢？他開始大聲地叫出艾弗拉克這個名字。在四十街上，就在一家平價服裝店的門口，當他用接近憤怒的語氣說出艾弗拉克這個名字的時候，他發現這個聲音聽起來就像一隻鴨子，他馬上跑回辦公室。

湯姆仍然坐在辦公室裡，他看見艾瑞克提著包好的午餐突然出現在他的桌子前面，用很濃的鼻音，裝成鴨子叫出艾弗拉克這個名字。湯姆回憶說：「當時在辦公室裡的人都瞪大了雙眼看著這突如其來的景象。」

艾瑞克打開他的電腦，我們在不到五分鐘的時間裡就寫好了艾弗拉克鴨的文案初稿。我們把這支廣告命名為「長椅上的對話」。

兩個上班族在中午的時候一起坐在公園的長椅上享用他們的午餐，在他們用餐完畢之後，把剩下的一些麵包屑丟給附近的一群鴨子吃。就在這個時候，有位男士騎著腳踏車經過，突然就不小心摔成四腳朝天，腳踏車也倒在附近。

甲說：「天啊！當我受傷，沒有辦法工作的時候，我會很慶幸我保了附加保險。」

乙說：「附加保險，那是什麼東西啊？」

附近鴨群傳來一陣叫聲：「艾弗拉克！」

甲說：「即使最好的保險，也沒有辦法保證給你現金，去支付失業時的費用，或其他的開銷，但是這種保險可以。」

乙說：「哪種保險啊？」

鴨群：「艾弗拉克！」

甲說：「你應該向你公司詢問一下。」

乙說：「你說它叫什麼保險啊？」

鴨群：「艾弗拉克！」

甲停了一下，然後聳聳肩說：「我不知道。」

乙丟了一塊麵包屑給鴨子，鴨子發出一陣嘎吱聲，然後把麵包屑踢回去給乙，接著很無奈地搖著頭。

當艾瑞克跟湯姆給我看這個廣告文案的初稿時，我心中為之一振，這對我而言通常是個好兆頭，但並不是每個人一開始就對這個鴨子說話的文案感興趣。我把這則廣告文案拿給羅蘋以及我們的創意總監格里看，他們兩個人都有些驚訝的感覺。

格里看著我很認真地說：「你該不會真的要把這個文案拿給客戶吧？」

我回答說：「嗯……我想整個美國都會對這家公司的名字印象深刻吧。」

羅蘋抗議著說：「你在開玩笑吧！你真的要拿給他們的老闆丹・阿摩司嗎？他可是賣癌症保險的。」

我說：「你想想看，如果沒有人能夠記得這家公司的名字，如果沒有人想要聽到保險這兩個字，如果每一個在這個產業的競爭者都只是訴諸溫情攻勢的話，那麼一隻有趣的鴨子就可能是很好的方式。別忘了我們正竭盡所能地在完成他們的老闆丹・阿摩司所交待的任務，那就是讓大家記住他們公司的名字。」

最後我們把一些比較適合的文案，包括了鴨子的想法，放到焦點團體中去做測試。結果其中有四則的效果還不錯，包括了以喜劇演員雷・羅曼諾（**Ray Romano**）作為代言人的、訴之以情的，還有一些很幽默的。而鴨子的想法是最具爭議的，有一半的人認為這個想法非常有趣，讓人忍不住想發笑，其他人則認為這根本就很無聊。

我們知道最後我們必須把最好的四個文案送給他們的老闆丹・阿摩司，讓他去做正式的測試，但我決定不讓這個鴨子的想法就這樣消失了，所以我親自打電話給丹‧阿摩司。

我說：「我知道你只要四則文案，但是有另外一個文案是我覺得你應該也要一起測試的。雖然想法有點瘋狂，但是效果可能還不錯。」我馬上簡短敘述了文案的內容給丹‧阿摩司聽。

但是阿摩司興趣缺缺，他說：「我們當初所同意的是四則，所以我們也不想再測試第五則，而且我也不瞭解這個鴨子的文案有什麼特別的地方。」

我帶著懇求的語氣說：「不然這樣好了，多出來的測試費用由我們支付。」

阿摩司心裡想說，如果一家廣告公司願意去負擔額外的測試費用，這其中的堅持一定有他們的理由。最後他終於同意了，他告訴我：「嗯……我想這總比一個裸體的猛男在屋頂大跳艷舞好吧，那我們就試試看吧。」

最後的決定是由 **KTG** 集團來支付額外的測試費用，但如果這則廣告很成功的話，艾弗拉克公司會支付由 **KTG** 集團所負擔的額外測試費用。

阿摩司把我們的五則廣告加上另外一家同業所提出的四則一起交去測試，由一家據點在康涅迪克州諾沃克的世界性廣告研究公司 **Ipsos-ASI** 負責測試。

Ipsos-ASI 把這些廣告秀給許多消費者看，然後經過二十四小時再把相同的廣告秀給前一天受測試的人看，再將他們所記得的換算成百分比，結果就是一般所知道的回現率。

一般來說，在保險這個產業裡，回現率如果能達到百分之十二就算是很好的了，很少有保險廣告會超過百分之十二的，而我們的鴨子文案：「公園長椅篇」卻達到驚人的百分之二十八。

這是 **Ipsos-ASI** 這家市調公司在保險類別所做過的測試中得分最高的。當然 **KTG** 集團最後贏得了這次的提案。

丹・阿摩司是這隻鴨子的第一位忠實支持者，而且一度是唯一的支持者。他說：「我對這則廣告感到非常的興奮，我等不及要告訴每一個人。我打給一些朋友以及生意上的夥伴，我試著解釋那隻鴨子會怎樣叫出我們公司的名字。我告訴他們這個想法是多麼的有趣，他們都覺得我瘋了。最後我決定不再告訴任何人，包括董事會的成員。我決定讓這個廣告為它自己說話。」

在一九九九年十二月三十一日，這則廣告開始播放。六天之內，艾弗拉克網站的點閱次數就超過了之前一整年所累積的總數。

KTG 集團馬上打鐵趁熱，推出了超過一打的廣告，都以那隻受挫的鴨子為主角，而艾弗拉克鴨的廣告也在二〇〇二年冬季奧運會的開幕典禮播出。艾弗拉克公司的年度銷售額開始增加，從歷年平均百分之十二到十五的年成長率，到二〇〇〇年的百分之二十八及二〇〇一年的百分之二十九。從整個廣告宣傳開始之後，他們公司已經有百分之五十五的業績成長。而這幕後決定性的推手，丹・阿摩司告訴我說：「多虧了這隻鴨子，讓我現在走路有風。」

這隻鴨子也改變了艾弗拉克公司在全國各地銷售人員的生活。艾弗拉克的保險主要行銷的對象是公司中的人力資源部經理，在艾弗拉克鴨的廣告出現之前，這些經理總是對艾弗拉克公司打來的電話沒什麼興趣。但是現在，艾弗拉克鴨已經成為最好的破冰石，每當銷售人員拿起電話，而電話的另一端傳來「艾弗拉克」、「艾弗拉克」的鴨叫聲時，銷售人員總是能夠叩門成功。就像任何銷售人員所知道的，能夠叩門成功就已經成功了一半。

而艾弗拉克鴨也成為了流行的代表。在二〇〇二年的二月，我很榮幸地被紐約女性廣告協會選為二〇〇一年年度傑出廣告女性。丹・阿摩司是當天午餐宴會裡其中一個主要致辭者，他在演說中跟大家分享了以下的一則小故事：

我們最近接到了公司內一位研究人員所打來的電話，他指名要找我，說有很重要的事要告訴我。我接了他的電話，他說：「我們的研究發現，全美國現在有百分之九十一的人知道艾弗拉克這家公司的名字。我們已經有了百分之九十一的知名度，但這不是我要跟你說話的原因，我要告訴你的是一件以前從來沒有發生過的事情。」我說：「什麼事情？」他說：「有三分之一的人沒有辦法說出艾弗拉克，他們必須學鴨叫才能發出艾弗拉克這個詞。」

喜劇明星丹尼斯・米勒（**Dennis Miller**）在**ABC**電視台的「週一夜美式足球（**Monday Night Football**）」中學鴨叫，叫出艾弗拉克，艾弗拉克鴨也出現在多部卡通裡，甚至在著名的報紙：《紐約時代》（*New York Time*）的字謎裡都能找到「艾弗拉克」。艾弗拉克公司的代表在二〇〇一年十一月參加在華府白宮所舉行的宴會，當他被介紹給小布希總統時，小布希看到這位代表西裝翻領上的鴨子別針，馬上幽默地學鴨子叫出「艾弗拉克」。

以上這些都為艾弗拉克公司打了價值數百萬美元的廣告。當然這不只我們公司受益。影星班・艾弗列克也出現在鴨子尾巴的羽毛上。而艾弗拉克鴨也被放在著名的《時人雜誌》（*People Magazine*）裡與影星班・艾弗列克做比較〔艾弗拉克鴨：從來沒下過一顆蛋……；班・艾弗列克：在「神鬼莫測」（**Reindeer Games**）裡演出〕。而艾弗拉克鴨與影星班・艾弗列克的連結已經成為班在脫口秀中的特色，他總是不斷地抗議艾弗拉克鴨像鬼魂似地一直跟著他。

當初其實可以找出許多理由不採用鴨子這個文案。這個文案本身其實是屬於極端嚴肅的類別，它是很古怪的、非傳統的，也是很天真無禮的。它同時嘲諷了顧客的匿名性。**這個文案的本身根據一個簡單的想法：那就是公司的名字念起來像鴨子叫，它就像天外飛來一筆的創意**。我們的直覺告訴我們它一定行得通。很幸運的是，我們的創意很受到尊重，結果當然也是很好，艾弗拉克公司在一年內從默默無聞的一家公司變成家喻戶曉的名字。

艾弗拉克鴨不光只是天外飛來一筆的幸運。一鳴驚人也不會憑空發生。創意的確是一個龐大的產業，當我們在發想整個廣告宣傳的過程當中，其實遵照了一些關鍵性原則，可以幫助任何行銷部門或公司打下一鳴驚人的良好基礎。

在接下來的章節裡，你會瞭解一鳴驚人也不過就是另一個商業運作的法則。你會發現能量等於扁平組織乘於情緒的平方。你會發現有時你必須憑直覺，把你一時的衝動化成商機。你會發現創意的另一端其實是混亂。你會學到如何創造一個壓縮的環境，並以變形的速度移動。你會漸漸變成能夠分辨哪些想法行得通，哪些則會成為泡影。如何去執行及銷售你一鳴驚人的想法呢？如何才能從無到有的竄出，而且能夠讓一鳴驚人的想法持續擴散呢？在讀完這本書之後，你將能夠發展出一些想法，替你公司創造出立即而且顯著的收益。

第2章

打破規則

不重視行銷比沒有願景會造成更嚴重的問題。消費者的需求其實是動態的，要一直能夠掌握住需求點，你一定要保持彈性。

沒有人在一九九四年的時候會想到黃金檔的高潮會讓一個快消失的洗髮精變成暢銷的品牌。所以當我們的團隊第一次想出「完全有機的體驗」的文案時——這裡頭有一個每次使用「草本精華」就會欣喜若狂的女人，幾乎每個人都覺得這是很不合適、古怪、錯誤的，但這也是我覺得它為何會成功的原因。

在當時我正在紐約著名廣告公司 **Wells, Rich, Greene** 裡工作。他們最大的客戶之一就是寶鹼，旗下擁有潘婷（**Pantene**）洗髮精，也就是草本精華的直接競爭對手。在這個業界，讓客戶知道你對競爭對手做了什麼樣的研究其實是很正常的，所以我把草本精華的廣告放給寶鹼的人看。他們很快就告訴我說這是行不通的，而且認為草本精華早就已經不行了，一個過氣的產品怎麼能跟寶鹼最暢銷的潘婷洗髮精做比較。我記的最清楚的是一位寶鹼的高階經理所說的話，他說：「你的廣告沒有示範出它的有效性，也沒有那些烏黑亮麗的頭髮的鏡頭，所以最後可能一瓶也賣不出去，而且也沒辦法跟潘婷來競爭。」

但是這位高階經理所不瞭解的是一鳴驚人的首要條件就是要忘掉所有的規則。為了要打破現有的典範進而吸引客戶的注意力，你必須把焦點放在除了傳統觀念以外的所有想法。你必須要冒險去考慮那些從來沒有人做過的事情。當然你不會想要創造一個跟主題完全無關或抵觸的廣告，而讓每個消費者看過之後都不記得那個品牌是什麼。但是你一定要有勇氣去挑戰傳統的想法，進而打破成規。

現代天文學創始人哥白尼、二十世紀最多產和最有影響的畫家畢卡索，以及備受爭議的饒舌歌手阿姆（Eminem），都打破了成規或是一些戒律進而有了自己的一片天空。而我們不得不承認的一個事實就是，規則最大的好處是讓人更容易去重複做那些已經有人做過的事情。既然我們都不是糕點大師，在做蛋糕的時候有一些規則可以遵循其實還蠻方便的，但是我們只是完全遵照某人的方法，那我們自己的創意可能就毫無發展的空間了。就定義上來說，規則其實是向後看的，規則會預測說歷史是會不斷的重複。然而在今天的商場裡，如果你不斷的重複自己，一家公司很快就成為歷史了。

如果你一直嚴格的死守一些假設的話，你是很難聽到一些有建設性的意見的。如果有人建議你賣有加醃漬品的蛋糕，一般人的反應可能會是：「那不是很奇怪嗎！蛋糕怎麼會有醃漬品呢？」但是經過思考之後，一種一鳴驚人的反應可能是：「那要加蒔蘿泡菜或者是醃小黃瓜？」你瞧！在這樣的另類思考之下所做出來的東西搞不好會大受懷孕婦女的歡迎而銷售一路長紅。

現在讓我們來看看這個真實的例子，關於一對兄弟如何不把自己侷限在框框裡，而堅持自己的創意的故事。

布魯斯跟馬克這兩位來自紐約皇后區的年輕男孩不久之前開了一家冰淇淋公司。如果他們兄弟倆開的店賣的是傳統奶油巧克力聖代的話，當你讀到這段故事時，他們的店很可能早就結束營業了。消費者需要的是另一家毫無新意的冰淇淋店嗎？顯然不是的，他們所做的正是《策略性思考與新科學》（*Strategic Thinking and the New Science*）一書的作者，同時也是專門向政府機關提供策略服務的著名顧問艾琳・桑德絲（Irene Sanders）所強調在現今競爭激烈的環境中必備的生存法則。因為他們兄弟倆能夠「把那些過時或無效的計畫、政策及策略從事情發生的當下環境中即刻移除」。那他們的創意是什麼呢？一些特殊口味的冰淇淋，像是燻鮭魚或是啤酒堅果都很受歡迎。他們認為在現今這個枯燥無味的世界裡，有許多潛藏在我們身邊的那些追求刺激者都會很爽快的付錢去買大蒜口味的甜筒，然後在舔冰淇淋的過程中得到快感。

沒錯，他們的生意的確一鳴驚人，連《時人雜誌》也把他們兄弟倆放入二〇〇二年最佳黃金單身漢的名單裡。《紐約時報》也幫他們寫了專題報導，而且也受邀在好幾個全國性的脫口秀中擔任特別來賓，這其中包跨了由影星蘿西・歐唐納（Rosie O'Donnell）所主持的熱門脫口秀"The Rosie O'Donnell Show"。在一連串的曝光之後，公司的獲利當然也扶搖直上。

這種行銷上一鳴驚人的思考，其實就像是為現今的世界所量身訂做的。現在的消費者早就淹沒在無數的廣告跟產品中了，也唯有極具破壞性的想法才能夠吸引他們的注意力。多數人都可以感覺到單單只是強調產品本身的革命性功能，也難以完全吸引消費者的目光了。所以更重要的是你所傳遞的訊息是非常革命性的。而為了能夠讓這些具有破壞力、革命性及一鳴驚人特性的訊息能夠順利的出現，你必須把你心中的那些傳統觀念給拆解掉。你必須忘掉所謂的產業標準，然後把下面這些革新的觀念融入生活中。

忘掉所謂的願景

有太多的公司都制定有五年計畫、一年計畫及半年計畫。其實這些計畫很少發生真正的作用。如果你連這個月房租都付不出來的話，光有一個五年之後要達到的願景有什麼用呢？當喬伊斯・霍爾（**Joyce Hall**）在年輕的時候也沒有想到他會成立全球最大賀卡生產商霍曼卡片公司（**Hallmark Cards**）。他只是在一九一〇年帶著兩箱塞滿賀卡的鞋盒，懷著將世界變得更有人情味的願望，而搭上前往堪薩斯市的火車。全球最大企業威名百貨（**Wal-Mart**）創辦人山姆・華頓（**Sam Walton**）從來也沒有所謂的願景，他當初也只是想賣一些小東西而已，而他所累積的無數財富只是順其自然的結果罷了。為什麼要把你的潛力限制在某些僵化的思考上呢？那些對事物的刻板印象會嚴重壓縮我們發揮的空間。《創造性破壞》（*Creative Destruction*）一書的作者理查・佛斯特（**Richard Forster**）及沙拉・凱普蘭（**Sarah Kaplan**）就認為，避免文化制約是極為重要的。他們反對建立那些一旦成型就很難從外部改變的心理模式，或是潛藏的規則。

許多現代文化偉大的代表都是在偶然之間發生的。在暢銷書《基業長青：百年企業的成功習性》（*Built to Last: Successful Habits of Visionary Companies*）裡，作者史丹佛管理學院教授詹姆士・C・柯林斯（James C. Collins）研究了十八個主要的企業而發現：「通常那些事後看起來像是傑出的遠見或預先計畫的想法，常常只是多做嘗試而從中找出最可行的罷了。」有些在電視史上的精彩時刻只是無心插柳罷了。就像美國著名的劇作人羅德・塞林（Rod Serling）當初在主持「冥冥時分」（The Twilight Zone）節目時也只是臨時填補空缺的人，直到節目製作人瞭解到其實羅德非常拘謹的講話風格給人一種神秘或奇異的印象，而這種符合節目特性的主持方式也讓他最終可以扶正成為正式的主持人。在溫娣漢堡（Wendy's）非常有名的廣告：「牛肉在哪裡？」結束之後，其創辦人戴夫・湯瑪斯（Dave Thomas）決定親自擔任公司廣告代言人直到更好的點子出現，結果證明由湯瑪斯本身擔任代言人其實就是最好的點子。另一個例子就是電視節目「週末夜現場」（Saturday Night Live）在一開始也只是美國國家廣播公司（NBC）用來暫時替代由強尼・卡森（Johnny Carson）主持達二十多年的「今夜脫口秀」（Tonight Show）節目，直到有更好的節目出現為止。

不重視行銷比沒有願景會造成更嚴重的問題。消費者的需求其實是動態的，要一直能夠掌握住需求點，你一定要保持彈性。在今天對一個公司或品牌的特定願景可能在明天就馬上過時了。就是這種因循傳統的方式才導致了無新意的行銷手法，然而一種更隨心所欲的途徑反而能夠讓你去思考出那些更有潛力與一鳴驚人的點子。

假如你有一個願景，你其實是活在由過去所事先決定的未來裡。假如你沒有一個願景，你是在此刻不斷的創造（雖然我們常常希望自己能夠忘掉這個星期中那些惱人的會議，然後祈求下個星期趕快來臨）。當沒有崇高的公司使命的限制時，你更能夠針對現狀做出反應。我們自己所使用的名片其實是刻意模糊的，上頭印的是閃亮的彩色卡通標識，以及「廣告娛樂公司」這幾個字。這個語意豐富的稱號，基本上只是讓我們的潛在客戶更確信，我們的公司有能力處理許多性質不同的案子。事實上，這種缺乏明確方向的模糊地帶也觸發了靈感，而讓我們替美國紅十字協會創作出一支受到熱烈迴響的電視廣告。

血……汗與淚

在一九九八年美國紅十字協會要求我們創作一個新的公益服務的宣傳短片，以提升大眾對其生命救助服務的支持。在知道大多數的公共宣傳短片都在凌晨三點播出之後，我覺得其實可以為紅十字協會做得更多。我們需要的是更大格局、更有破壞性的東西，之後的某一天我突然有個想法。

當我有一天早上走進羅蘋的辦公室時，我告訴她：「我們要幫紅十字協會做一段電視節目。」羅蘋兩眼無神的看著我，心裡想著我們公司沒有任何人做過電視節目。她問我說：「你瘋了嗎？我們要怎麼做呢？」

創造一個小時的願景

每當你受不了誘惑，想要有一個清楚而且沒有疑問的未來，你就趕快把自己喚醒，然後藉著幫整個團隊設定一個為時一個鐘頭的短暫目標，把大家拉回現在。找一個很難纏的問題，逼大家在六十分鐘內要把問題解決。我們相信當你把今天該做的事處理好了，那些未來的事情也可以迎刃而解。所以當我們在編預算及做規畫的時候，我們要專注在那些眼前馬上要做的事。事實上，當我們創造出相當於一整年「草本精華」廣告預算的價值時，我們也是依循同樣的方法。

我回答說：「我不知道。但這就是我們所要的一鳴驚人，幫紅十字協會做一段電視節目。」羅蘋深深的吸了口氣回答說：「好，那我們來做電視節目。」

試想，如果我們是那種死守特定長期目標的公司，我們可能就會離開辦公室到外頭去開個四天的會議來討論如何調整公司策略，將電視納入公司使命裡。我們可能就會請一些收費驚人的電視產業顧問。我們可能就會把自己陷入在為期數週的計畫會議裡。我們也可能就會不見天日的討論著無數的腳本。那我們的創意就會像一九七〇年代在美國所發生的「愛河」

（love canal）有害廢棄物污染事件中，那些在河裡的魚一樣逐漸垂死。

但是我們並沒有那樣做，相反的我們滿懷著天真的自信全心投入。我告訴紅十字協會的行銷總監南希，我們是如何竭盡所能的在想，有哪些救人的時刻是可以再次重現的。那些受到美國紅十字協會的義工所幫助的人，他們所懷的興奮、熱情與感激，其實都是很好的素材。南希也同意我們的想法，所以當有其他的製作公司同時也在接觸美國紅十字協會，想要爭取合作的機會時，南希覺得我們的概念，正是他們想要加強協會本身正面形象的方向，她馬上決定了我們的合作案。

但是當我們向不同的電視網提出此概念時，我們發現並沒有人積極的爭取播出的機會。我們得到的反應多是：「要做關於紅十字協會特輯？沒問題，我們會選在下一年度的某個午夜時段播出。」沒有一家電視網認為他們可以找到足夠的廣告贊助，而能夠在黃金時段播出這個特輯。我雖不滿意他們的觀點，但我也不願讓這個特輯，淪於跟午夜的資訊節目對打。

所以我回去找南希，告訴她我決心要把這個特輯安排在黃金時段播出。接著南希告訴我說她很確定的是，紅十字協會可以從忠誠的贊助者中去募到一些經費。有了這筆暫定的現金，我們才得以在跟哥倫比亞廣播公司（CBS）的製播會議中有籌碼可以協商。過程中我們設法說服了他們，這個特輯是非常適合電視網本身黃金時段收視戶的。最後我說那些收看電視連續劇「天使有約」（Touched by an Angel）的觀眾群會完全相信這些樂善好施的故事，電視網也會因為播出這個節目而成為英雄。

然而要拿到最後的核准還有一道關卡，那就是我們必須向電視特輯部門主管保證這個節目不會花一整個小時在示範如何進行心肺復甦術（CPR）。另外一定要有那些收視不良的電視節目所缺乏的——明星。而且要有五個以上。當然在那個當下我跟羅蘋都沒想到有哪個名人可以擔綱演出（除非你要把我的好友史蒂芬算進去，他可是世界知名的口哨家），但我們並沒有因此而拒絕。我們要求KTG集團的每一個人去做一番腦力激盪來想出一些適合的人選。透過了我們公司廣播製作部門的主管麗莎日以繼夜的與專門挑選演員的經紀人協調，並在選角的過程中堅持到底，加上另一家製作公司以及紅十字協會通力的合作，我們最後贏得了包括鄉村音樂天王葛司・布魯克斯（Garth Brooks）、流行天后崔夏・宜爾伍（Trisha Yearwood）、天才老爹比爾・考斯比（Bill Cosby）及其他許多知名人士的參與。

有了這份參與演出的名單，哥倫比亞廣播公司總算通過了我們的案子（當然也要募到足夠的經費），加上與另外兩家製作公司合作，整個節目就在我們的執行之下製作完成了。節目是由一系列的獨立片段組合而成，每一個片段都是根據真實的故事，描述美國紅十字協會的義工如何在全國各地提供救助的服務。其中有一個是關於一位五十四歲的救火員比爾，如何在一九九六年馬里布火災中英勇奮戰大火，卻不幸全身燒燙傷面積超過百分之六十的故事，在當時用了超過一百品脫的血才救活他。有數千位的熱心人士在美國紅十字協會的捐血車外大排長龍，為的就是要挽救這位救火員的生命。另一個故事是描寫一位年近百歲的老太太，從一九一七年就開始擔任美國紅十字協會的義工的故事。每一個片段都由一位名人做串場，而整個節目有不同的名人參與，也符合哥倫比亞廣播公司的要求。當我們在看最後剪接完成的帶子時，我們發現一個好預兆，那就是每個看過的人，手上總會拿著面紙要擦眼淚。

而我們測試這個節目的最後一道關卡，就是美國紅十字協會對外募款的審核。他們把整個節目播放給來自幾個主要贊助企業的代表們看，很幸運的大家也都跟我們一樣喜歡這個特輯。美國 **AT&T** 及其他公司都覺得能跟這個案子做結合是很令人振奮的，也都馬上簽約成為贊助商。有了金援的後盾，哥倫比亞廣播公司馬上就做了最後的核准，也讓這個節目能夠在多數人醒著的時候播出。這個命名為「美國紅十字協會讚美生命奇蹟」的特輯，最後由在電視連續劇「天使有約」中飾演自天堂被派遣到世間幫助人類的天使羅馬・道尼（**Roman Downy**）所主持，於一九九八年十二月二十四日平安夜晚上八點播出。

就一家對電視製作的所知，就像我先生對烹飪的瞭解一樣少的公司而言，我們 **KTG** 集團做得還不錯。如果當初我們只是一家有著崇高預言式願景的公司，那我們在心理層面可能大受影響，我們可能就只是做出一些很棒但是了無新意的公共宣傳短片罷了，但是我們卻為 **KTG** 集團開創出新的方向。在這之後我們為猶太聯合社區協會（**United Jewish Communities**）製作了一系列錄影帶；為我們自己的拍攝紀錄片「如何在廣告界不用跌跌撞撞就能成功?」；為前參議員比爾・布萊德雷（**Bill Bradley**）製作政績回顧影片。我們也為美國紅十字協會製作了道德重建的試聽影片「交叉口」，其中由我先生為這個影片編寫歌曲，由 **KTG** 集團的文案策劃羅蘋・施瓦茲填詞，而歌曲也獲得了約翰藍儂原創歌曲獎的最佳新福音歌曲。我們能夠做到以上這些，完全是因為我們並沒有將公司限定在某個特定的願景裡，當然我們也就很自然的能夠有許多空間去創造出這些一鳴驚人的事。

忘掉傳統的智慧

想想看如果世界上第一個成功生起火的猿人，決定把這個天大的好消息跟他的族人分享的話，有可能大家會難掩興奮之情，一起手舞足蹈的高喊：「萬歲！你知道你剛剛做了什麼嗎？你給了現代人最棒的禮物。從現在起，我們可以輕易的保暖、煮食物、鑄造銳器來打獵。」不大可能吧，他們也許會生氣地咕嚕著說：「為什麼火這麼燙？我們可以聚在一起取暖啊！尤嘉可以做出美味的長毛象肉醬，如果八號洞穴的人來侵犯我們的話，只需要朝他們丟顆大石頭就可以了。」順著前人的路走是我們的天性，因為那讓我們感到安全與舒適。在每一個產業裡，都可以找到一些所謂的追隨特定的行規與產業標準的游牧民族。例如說汽車零件一定要出現在消音器廣告裡；在櫥窗裡放二號大小的服裝模特兒模型時，一定要搭配十二號大小的胸部；在推出新一季春裝的目錄裡，一定要用麥片來描述米色。然而這些傳統的行規常常是導致迅速失敗的原因。根據佛斯特及凱普蘭在其著作《創造性破壞》所寫到的，藍色巨人**IBM**在一九八〇年代突然暴跌的原由其實是因為「沒有體認到堅持不變，在商場上也是一樣，可能是一種嚴重的謬誤。」就像愛因斯坦所說的：「瘋狂的定義就是重複作同樣的事，卻期待會有不同的結果。」

當錯變對時

有些想法乍看之下似乎是錯的，這時我們停下來檢查到底哪裡不對勁。有可能是因為它真的不恰當而且無法解決問題。另一方面，也可能是因為從來沒有人用這麼奇特的角度來思考這個問題。因為那些看起來完全合乎邏輯的結論，恐怕早就已經被為數眾多的行銷人給詳細研究過了。所以在把你的想法丟到垃圾桶之前，要再一次的詳細檢視為何它會遭到拒絕。

許多公司成功的原因是背後有許多不受產業標準所侷限而堅持創意的人。全球家用品巨人寶鹼的總裁羅伯特・麥當勞說：「在我的經驗裡頭，那些真正成功的事情常常是違反直覺的。當然你必須很小心，你不能出現跟消費者經驗相去甚遠的東西。但是如果你可以贏得消費者的信任，而且又能給他們選擇的自由，這就會變成一個很有力的想法。」

以美國最大的書商邦諾（**Barnes & Noble**）為例，它把大型超級市場的概念運用在書店上。每一個**MBA**畢業生都會告訴你，商店設計應該是像快餐店一樣方便顧客進出，也為下一位客戶預留一些空間。在一九八〇年代晚期，長期擔任邦諾書商總裁的倫納德・里吉奧（**Leonard Riggio**）反向思考出了非常具創意的行銷手法，他決定要讓顧客在書店內待久一點。他直覺的反應是在這個快速失控的世界裡，如果邦諾書店變成一個寧靜與沉思的綠洲，一定對銷售有很大的幫助。他也成為第一位傾全力將旗下的大型連鎖書店轉變成具有社區圖書館氣氛的書商。邦諾書店裡從特有深綠地毯、舒適的椅子、胡桃木色的書架、咖啡區到雜誌架都好像在邀請你到店裡散步，讓人想拿杯拿鐵咖啡在裡頭流連忘返。里吉奧預見了書店是可以變成像社區中心一樣可以舉辦書展、演講或音樂會，甚至連小孩都歡迎隨時到裡頭閒晃。邦諾書店還有一項活動是邀請還在學走路的小朋友，帶著他們心愛的玩具到店裡來聽枕邊故事。

那麼另類思考的方向興高采烈，勇氣的結果是什麼呢？邦諾書店遠遠的把競爭對手拋在後頭，變成全國最大的連鎖書店，有超過九百家書店分布在美國四十九個州裡。

另一個很好的例子，像K量販（**Kmart**）或威名百貨（**Wal-Mart**）這種大賣場的生存之道是什麼呢？那就是價格優先，設計或造型並不那麼重要。但是這樣的思考模式被折扣連鎖店**Target**給打破了。雖然他們沒有忘了價格的重要性，但是在兼顧價格的同時，他們也聘請了一些像托德・奧德海姆（**Todd Oldham**）、傳奇性的街頭藝術家史蒂芬・史普勞斯（**Stephen Sprouse**）來為**Target**創作設計師品牌的鬧鐘、浴袍等商品，為原本平淡無奇的商場增添一些特色。直到折扣連鎖店**Target**出現之前，一般人去折扣店購物的原因只是為了價錢的因素。但是**Target**卻有不同的想法，他們認為不只是有錢人才會想追求流行。也因此**Target**逐漸成為設計時髦的代表，更為它自己贏得了「銳利」的稱號。現在**Target**

在電視廣告裡會促銷一些你連名字都沒有聽過的品牌，你看到的只是牛眼的標誌。還記得K量販申請破產的那一天嗎？**Target**的股價馬上漲了百分之十九。

忘記恐懼

讓我們認清這個事實吧：不冒險就沒有一鳴驚人的可能。每個能夠一鳴驚人的想法，其實都是由那些勇於冒險的人所創造出來的。十七世紀的時候，英國教徒（**Pilgrims**）為了成立自己理想中的教派，乘坐狹小的五月花號橫渡大西洋，最後終於到達了美國。黑人柏克詩女士（**Rosa Parks**）於一九五五年敢於坐在「只許白人」的巴士前排車廂內，從而引發馬丁路德金的民權爭取運動。一九二七年，飛行家查爾斯・林白（**Charles Lindbergh**）橫渡大西洋從紐約飛至巴黎，揭開飛行歷史的新一頁。就像神農嚐百草一樣，總是需要一點勇氣的。當艾佛拉克保險公司的總裁丹・艾摩司第一次聽到「公園長椅」，也就是我們鴨子廣告的文案時，飄過他心頭的想法是：「我到底要怎麼跟董事會的成員報告呢？」

大多數人認為做生意就只是做好事先的研究，然後把危險剔除就好了。假如你的姊夫要籌資兩千萬美元來做他新商品的訊息廣告，那你當然要好好的想一想，這個世界是不是已經準備好接受像「拔牙ＤＩＹ」這樣的產品。所以你必須先知道規則是什麼，才有可能去打破它。

別分析過度了

對一個公司瞭解太多，有時會妨礙一鳴驚人的創意出現。如果你的客戶要求你用一種嶄新的眼光來檢視他的公司，但是下一分鐘就丟一本幾百頁厚的公司簡介在你的桌上，這不是很諷刺嗎？當然兩者你都必須做，瞭解公司的本身以及帶入有創見的想法，但是順序要對。首先，寫下你對開始這個計畫最初的印象、想法及感覺。有很多有價值的見解與想法，會在你對這個公司所知不多的時候浮現出來，因為你會用比較接近消費者的眼光來看公司的產品或品牌。然後再看公司簡介，做你該做的功課。一種經常出現的情形是在我們吸收了一堆背景資料之後，才發覺那個一鳴驚人的想法就在最初的筆記中。

行銷不是像建造哈伯望遠鏡一樣。有時候幾個螺絲釘鬆掉了，反而能讓你看到更多的可能性；知道太多細節反而會填滿你創意的空間，讓你忽略掉許多潛藏在表面下那些根本的觀點。我們必須承認，如果女人在懷孕之前必須先針對「為母之道」先做一篇論文的話，我們的地球很可能變成一個空空如也的旋轉停車場。如果女人知道分娩的過程就像是被刀子刺穿那樣痛苦的話，那麼多數的人都會選擇穿上緊身衣之後才能比較釋懷地進入產房（難怪硬脊髓膜外腔（Epidural）（註①）這個字比起生產本身更會引發強烈的情緒）。還好對多數人來說是不需要完完全全的瞭解一件事情之後才能開始行動，不然很多事情都做不成了。

勇氣常常代表著你必須要適應許多不確定性，也意味著即使知道有失敗的可能，還是勇敢做出新的嘗試。就像寶鹼的總裁最近所說的：「大公司的毛病就是他們總是選擇安全舒適的中間路線。**選擇安全舒適的中間路線是不會有什麼新的發展的，你必須要跨到框框外，才有新的可能性發生。**」

就像IBM在一九八〇年代所發現的一樣，你所能做的最糟的事就是維持不變。IBM維持一貫的政策，那就是堅守大型電腦的市場，而不願意研發桌上型電腦。就在同時，像康柏（Campaq）、英特爾（Intel）及微軟（Microsoft）這些新的公司紛紛搶攻個人電腦的市場。結果就是在一九九〇年代初期，IBM損失了價值超過一百五十億美元的市場。有時候你必須振作起來，然後鼓起勇氣「向前看而且去探索更有變化與創意的解決方法。」

有一個勇敢邁向未知領域的好例子，那就是在一九八〇年代被智威湯遜（J. Walter Thompson）廣告公司派駐在底特律子公司的主管彼得・史懷哲（Peter Schweitzer），他建議福特汽車應該把女性也納入行銷的範圍。在那之前，汽車廣告主要都是針對男性，內容常常是形象健康可愛的小嬰兒爬在引擎蓋上，然後加上男配音員談論著車子的聲音。而福特汽車的人開始明白，其實女性在一個家庭要購買東西的時候常扮演著決定者的角色，所以他們聘請了影星蘇珊・露西（Susan Lucci）來促銷車子給女性。這也是第一次在大型的電視宣傳裡有女性擔任代言人，而結果也非常成功。

■Pen Envy

有個一鳴驚人的創意花了我們很多精力才完成，那就是我們為百樂筆（Pilot Pen）所做的廣告。在二〇〇一年初的時候，百樂筆在中性筆這個類別裡只排名第三位。這對他們來說是無法接受的，所以百樂筆委託我們來幫他們改變這樣的情形，但這可不是件簡單的任務。多數人認為筆是日常生活用品之一，所以通常都傾向購買最便宜的筆，即使丟掉了也無關緊要。當時百樂筆新推出的中性健握筆（Dr. Grip gel-ink pen）比競爭對手的低價產品要貴出許多，所以他們面臨的最大挑戰是要如何說服消費者購買價格較高的商品。不僅如此，百樂筆的總裁要求我們在廣告播出的六週之後要能看到銷售額大幅增加。順帶一提的是他們只有不到五百萬美元的預算。

我們知道這個廣告一定要夠麻辣才能引人注目，也才能夠說服消費者去購買商品。對那些不清楚健握筆是什麼的人，先讓我們來介紹一下。健握筆看起來就像是一個小直筒以方便抓取，主要是針對男性消費者所設計的。下半部有著用矽膠材質做成的軟墊，連在簽帳單的時候都會讓你感覺寫得很愉快。

羅蘋就愛死了她的健握筆。從她開始用這種筆之後（羅蘋還記得有一次在一份支出報告上，她拿著健握筆不斷的重複寫著「減少」這個詞），就開始對她的筆有著奇怪的佔有慾。她絕不會讓筆離開她的視線範圍之外，而且有一天她向我承認說她早就買好補充的筆心了。我覺得她好像已經得了強迫症一樣無法自拔，但是漸漸的辦公室裡的其他同事也好像開始有了相同的症狀。有些人甚至下班之後會把門鎖起來，聽起來像是很笨的方法，因為我們的辦公室是採開放空間的格局。

但是這種強迫症的現象也讓我們整個廣告的文案有了創意的方向。那是一個很清楚、很大膽甚至自吹自擂的想法，我想連心理學家佛洛伊德也會這麼同意的——「當你開始用健握筆的時候，身旁的人就會忌妒你。」

我們開始很興奮地在辦公室裡偷其他人的筆，也開始日以繼夜的準備這個案子。就像其他一鳴驚人的創意一樣，總是可以寫出無數的腳本，一個比一個有趣。但在這其中最讓我想要做的，也最具爭議性的就是一則每個人看到都會說：「我不相信這能夠在電視上播出」的文案。雖然這是我想出來的，但是連我自己都覺得很多人會無法接受。事實上沒有人相信我有這個膽量把它播出。

當我們對百樂筆的人提出這個想法的時候，我們的團隊是在一間極其豪華的會議室裡被一群西裝筆挺的人圍住，每個人都蠻緊張的。當天我們是最後一家提案的廣告公司，當時我們也不確定他們是否已選定了別家廣告公司的提案，或是已經對一整天的提案會議感到不耐煩了，畢竟在整個過程當中「筆」這個字出現的次數可能早就讓他們覺得是疲勞轟炸了。雖然心裡這樣想，但是我還是厚著臉皮打開我的包包，開始說明我們的文案。

百樂筆的總裁似乎對我們大多數提案的內容還蠻肯定的，也許是因為跟前面幾個提案相比，我們的文案比較有趣，所以大家的瞌睡蟲也都不見了。過了一個小時，我們多數KTG集團的夥伴都覺得整個提案的過程進行得很順利，也都滿懷信心的準備收拾情節圖板打道回府。但是我覺得應該打鐵趁熱，更進一步的把這個案子最具爭議的部分提出來。

不過我看到我們的資深藝術總監一直在對我使眼色，意思就是叫我要見好就收。儘管如此，雖然百樂筆的廣告預算並不多，但是我知道他們的確需要一個能夠起死回生的廣告。所以我小心翼翼地把最後一張寫有台詞的圖板拿出來，念了以下這段文字：

有兩個西裝筆挺的上班族並肩坐在地鐵車廂內，鏡頭只看得到兩人胸部以上的畫面。

甲男帶著崇拜的眼光盯著乙男的大腿說：「哇！你看你那裡的東西！」

乙挑起他的眉毛很得意的說：「怎樣？喜歡嗎？」

甲嘆了口氣說：「是啊，它實在是太……」

乙：「太令人難忘了？」

甲：「沒錯！它一定帶給你很多的快感。」

乙：「你想要握握看嗎？」

甲屏息地說：「真的可以嗎？」

乙把筆遞給了甲（這時終於在畫面裡看到了筆）說：「這就是為什麼它叫健握筆，因為握起來很舒服。」

在現場的人回神後，大家開始哄堂大笑。百樂筆的總裁很高興的喊著說：「雖然這個文案很驚世駭俗、很大膽而且可能會讓我們接到成千上萬的抗議信，但這就是我們所需要的重重一擊。」一個禮拜以後，我們打敗了其他五家廣告公司順利的拿到這個案子。

這個以地鐵為背景的廣告還與另一則比較詼諧、不具爭議性的廣告同檔期播出。雖然廣告只播出幾個星期，但是卻引起了很多的注意，而且都令人印象深刻。此外，從來沒發生過的是《紐約時報》竟然幫百樂筆的廣告寫了一篇專欄，而更重要的是，百樂筆在開學的旺季時便重新奪回中性筆銷售的第一名。雖然廣告只播了六星期，但是銷售量卻成長了百分之三十一，超過了原先的預期。

所以，你現在已經知道**要一鳴驚人很重要的三種元素：「專注在此時此刻」、「走別人沒走過的路」**、**「勇敢無懼」**。而打破成規除了熱忱之外，這些就是你所需要的了。

對一鳴驚人這種非正統的思考來說，最好的論證也許就是我們為「草本精華」所做的「回歸天然」廣告的故事。還記得早期洗髮精廣告中的模特兒「布瑞克女孩」（Breck girl）嗎？一個很漂亮、健康的女孩加上一頭美麗的頭髮，配上她甜美的微笑然後甩動她發亮的頭髮，她從來不做一些具爭議性的事情。在一九九四年的時候，這種方式是大家公認行銷洗髮精最好的方式。但是我心裡知道，唯一能夠拯救一個搖搖欲墜，且在被遺忘邊緣的洗髮精最好的方式就是嘗試完全不同的方向。結果我們想出了完全背道而馳的想法，它需要在各個環節相關的人都能夠做出巨大的改變，而結果也是非常成功。

在我們更詳細的檢視「草本精華」的故事時，你會發現讓自己遠離所謂的傳統智慧其實就是一鳴驚人的開端。

❖別限在過程的陷阱中

不要把焦點放在「如何」讓事情在預算的範圍裡完成。我們從來沒有那些討論一個案子如何完成的會議，反而是竭盡所能的把時間花在真正做決策的會議上，然後試著在每一個議題裡不要有超過三個項目。而且除非必要，我們絕對不會在任何的過程中加進額外的規則。整個過程越短，就越有進展。

全世界都感受到的高潮

在一九九四年一個寒冷的早上，我接到可麗柔（Clairol）公司總裁史帝夫．沙鐸夫

（Steve Sadove）所打來的電話。可麗柔想要重新包裝他們的「草本精華」洗髮精，而且已經決定先把產品下架，然後再次出發作最後的一擊。他們決定改造整個產品，為它添加獨特的香氛因子及換上清爽的包裝。然而沙鐸夫向我抱怨說新洗髮精的宣傳廣告顯得有些平淡無奇且死氣沉沉，所以他問我是否願意接下這個案子，進而找出能夠刺激消費者對像草本精華的全新品種護髮系列購買慾的方法。沙鐸夫知道，想要用一千萬美元的預算，在一個媒體採購的基本消費是五千萬美元的產品類別中得到一些宣傳的效果，所需要的是在電視上具有爆發力的廣告。

可麗柔是從一九七〇年代開始生產「草本精華」洗髮精的。對於那些夠老的人來說（如果你現在是帶著老花眼鏡在看這本書的話，不要懷疑，那就是你），他們可能就會記得在那個時期裡的一些事物。像是與一九七〇年四月一日的第一次地球日作連結，而開始聞名的地球鞋（Earth Shoes）、在七〇年代所開始的護鯨運動，以及滾石合唱團的冠軍單曲"（I Can't Get No）Satisfaction"。

草本精華在當時是各大廠中第一個開始使用天然成分及植物性香氛因子的品牌。當時使用的口號是「使用草本精華，讓你進入夢幻的喜樂之園裡」。而這個創意在當時受到了極大的迴響，也讓產品的銷售達到了頂峰。不幸的是，當自然的口號在八〇年代不再受到歡迎，而且垃圾債卷及墊肩開始大行其道時，草本精華就逐漸的消失了。就在自然的訴求即將消失之際，在九〇年代又吹起另一波的自然風，許多品牌如美體小舖（The Body Shop）、居家香氛（Bath & Body Works）及肯夢（Aveda）都在這時期竄起。

麻煩的是與沙鐸夫合作的廣告公司已經進行了這個重新包裝有一年的時間了（廣告並不成功，所以效果也不是很好），可麗柔知道他們不能再錯過即將到來的另一波宣傳期。湊巧的是羅頻那個時候剛好在接可麗柔的案子，而她因為有另一家廣告公司也在搶這個案子而失眠。當沙鐸夫打給我的時候，我們只剩五天的時間來完成新的廣告，這其中還有四天是感恩節的假期。

這聽起來好像是不可能的任務，但是我發現我通常在面對最後關頭的時候最具創造性。這就好像是在寫五言絕句一樣，整個結構都有非常嚴格的限制，沒有什麼犯錯的空間。這種時候對我而言就是要破釜沉舟，但結果也常常是柳暗花明。

我所做的第一件事情就是把團隊裡曾經做洗髮精廣告的人給剔除掉，因為我不想受到任何刻板印象的影響。我不要有閃亮的頭髮、不要有秀髮飄逸飛揚的慢動作鏡頭（潘婷洗髮精就常這樣做）、不要有金髮美女撅起性感的嘴唇對著自己乾枯的頭髮皺眉頭的畫面，也不要有動畫作成的維他命泡泡衝去拯救受損的髮囊。

換句話說，就是要打破傳統洗髮精廣告中的模特兒「布瑞克女孩」（Breck girl）的形象，我們必須要忘記過去對於洗髮精廣告的印象。前可麗柔的副總裁約翰・路易斯（John Louise）對草本精華新設計的瓶子很有好感，這也成了我們尋找靈感的開端。瓶子外觀看起來很自然，結構也很簡單。它是用透明的塑膠所做成的，所以裝不同用途的洗髮精時（油性、乾性或是受損的髮質）也會有不同的顏色。在瓶子的背後記載著產品成分，上頭還裝飾著很吸引人的植物圖像。最令人印象深刻的是，植物的圖像就像是從洗髮精的瓶子裡透出來的一樣，這給人一種好像它就長在瓶子裡的感覺，美麗得就連大自然也覺得很難忘。當你打開草本精華的瓶子時，一股草藥甜美芬芳的氣味就會像是穿過生活大師瑪莎・史都華（**Martha Stewart**）的自家花圃所聞到的一樣，讓人忍不住想馬上用它。

在知道所有的洗髮精廣告都強調使用過後會有閃亮、柔細的頭髮之後，我們的專案經理道格拉斯建議我們打破這個常規。也許，我想他只是開始告訴大家，還有其他的原因會讓我們去洗頭髮的。

多數人都知道，其實任何一種洗髮精都可以把頭髮洗乾淨。但是女人是怎麼看待洗頭髮這件事情呢？很顯然的是沒有人問過這個問題。也許我們試著跟女人討論洗頭髮這件事情會觸發我們新的靈感。然而已經是禮拜五了，下個禮拜二我們就要跟可麗柔的人開會了，所以也沒有時間去舉辦像焦點團體那樣的研究，我們只好做一些游擊式的研究，在辦公室裡問每個女同事關於洗頭髮的事情。

我們所瞭解到的是，雖然女人一開始會埋怨洗髮是日常生活中無聊的例行公事，但在深入探討後卻發現洗髮對她們而言是一種感官與重生的經驗。事實上很多女人都明白洗髮的時候常常是他們一天當中最精華的時刻。沒有小孩在旁邊吵著，也沒有暴躁的先生在問他的襯衫在哪，只有肥皂泡泡與水陪伴著把生活中瑣碎的事給沖洗掉，而且她們都承認洗髮有某種深沉的感官刺激存在著。當她們赤裸著身體的時候，按摩著她們的頭皮，感覺到那股熱水規律的跳動過全身……我想你大概可以知道那是怎麼一回事了。

所以我們決定做其他護髮產品公司還沒做過的事情，那就是把場景拉到浴室裡。加上香氛因子、草藥、純山泉水及沖洗的過程，這些都保證讓整個洗髮過程是種很棒的經驗。

但是我們所想出來的腳本想要和重播氣象新聞一樣有趣。我們有女人活蹦亂跳的穿過一群小狗的畫面，這種效果就像是綠野仙蹤裡的桃樂絲一樣。也有女人跳進瀑布的場景，更有女人痙攣似的在淋浴時跳舞的畫面，有點像是加了肥皂泡泡的「閃舞」，但是這離我們想要的那種震撼性的效果還有一段距離。

星期一的早上我跟我們兩位負責這個案子的同事琳和吉姆碰面，他們兩個腳步沉重地走進我的辦公室，拉長著臉跟我說：「我們兩個像瘋了似的想了整個週末，卻擠不出一些東西來。」看到琳的眼睛裡已經泛著淚光，我也不忍心要求他們繼續做工作，我就請他們留下來聊聊。我開始說些笑話，想試著轉移注意力讓他們倆能夠輕鬆一下。

然後我告訴他們如果沒有想出任何的辦法的話，也許我們可以找個名人來代言這個產品，或許能夠騙騙觀眾讓大家認為這個產品還不錯。我倒是想到了一個合適的人選，那就是具親和力、很吸引人也蠻幽默的梅格・萊恩（**Meg Ryan**）。這個想法也讓吉姆想到了電影「當哈利遇上莎莉」裡一幕很有名的場景，那就是當梅格・萊恩在咖啡廳裡假裝高潮時的叫聲想好好的捉弄比利・克里斯托（**Billy Crystal**）的樣子。就當大家回想起那一幕都笑的很開心時，吉姆脫口說出：「我也想要有她用的洗髮精。」

我突然心中一震。隨即我喊了出口說：「等一下，你剛剛說什麼？」

琳也問說：「你說了什麼？」

我興奮的告訴他們，那就是我們要的想法，我們要有一個女人進入浴室的畫面，而她在用草本精華洗頭時會得到那種無法形容的高潮。而當她看著洗好的頭髮達到狂喜的高潮，鏡頭就跳到一對毫無情調且乏味的的夫妻家中，而他們正聚精會神的看著電視上高潮的這一幕，就在這個時候，太太轉過去對坐在身旁的丈夫說：「我也想要有她用的洗髮精。」

琳和吉姆不敢相信的搖著頭說：「琳達，可麗柔絕不會接受這樣的文案的，他們是全美國最保守的藥廠必治妥・施貴寶（Bristol-Myers Squibb）的子公司。」甚至他們在推銷鎮痛藥品埃克塞德林（Excedrin）的廣告時也不曾出現女人張嘴吞藥的畫面。但是我很堅持。隔天我就把這個概念提給了可麗柔的總裁沙鐸夫，而他也非常的喜歡。沒錯，它是很感官也很大膽的，但這就是他所希望有的爆炸力。沙鐸夫要求他的行銷人員來看看這個廣告。但他發現很多人都認為這個廣告的品味有問題，不大得體，所以也都覺得不可行。

沙鐸夫事後回憶說：「我心種有股直覺就是這個廣告，因為它是很棒的東西，雖然它很可能也會讓我有接不完的抗議信。」不過他倒是採取了一個不尋常的舉動。就是在廣告還沒作測試之前，他先把它放給了在母公司的兩位高級主管看。可想而知的是他們兩位也持反對的意見，但是退一步想想，這個廣告也實在蠻勁爆的，因此他們的反對不是沒有原因。但是沙鐸夫最後終於說服他們兩位，告訴他們只有這個「高潮」才能挽救產品本身的低潮。

沙鐸夫很快的就把廣告送去測試。可麗柔以前廣告測試的得分通常是在二十到二十五分之間。第一則廣告得到的分數是四十幾分，第二則「高潮」廣告的分數是六十七分。而我們所做的「回歸天然」的廣告得到的分數也是可麗柔歷來的所有廣告當中最高的。

經過了九年與無數的廣告宣傳之後，草本精華已經成功的進入六十二個國家的市場，他們的產品線也擴展到沐浴乳、蠟燭、染髮劑等其他多樣化的產品上。而這個廣告所受到的模仿就是對我們最好的一種讚美，它出現在許多的節目裡，甚至也大量的被印製在生日賀卡上。這個廣告也在洗髮精廣告的行銷史上創造了最大的知名度。現在草本精華的廣告已經在中國大陸放映，很快的這個品牌就會在這個十幾億人口的國家打出知名度。而在短短的幾年之內，草本精華就從一個快消失的品牌躍昇成為全美第二的護髮廠牌。

我們為草本精華所創造的一鳴驚人廣告已經讓它成為世上成長最快的品牌之一。而我們能達到這個成果的最大理由就是，我們勇於放下所知，打破陳規。

採取這種思考的模式也會讓你的行銷團隊或公司為邁向一鳴驚人的方向找到第一步，而下一步就是要創造一個可以讓那些爆炸性、破壞性的想法能夠得以滋養不受阻礙的環境。

註① 硬脊髓膜外腔（**Epidural**）止痛：是目前最流行的減痛分娩方法，暫時放置一條軟管，由婦產科醫師於適當時機（真正宮縮開始、子宮頸約開三至四公分）經此導管給予連續性止痛藥物，減輕疼痛之苦，並保留體力應付生產的最後一刻，此種方式效果良好。

第3章

小而美

一鳴驚人的想法其實是從許多小地方開始的，也只有把你的組織縮小，才能讓你創造一個想法及創意源源不絕的環境，我們把它稱為行銷的壓縮理論。

一鳴驚人的想法其實是從許多小地方開始的，也只有把你的組織縮小，才能讓你創造一個想法及創意源源不絕的環境，我們把它稱為行銷的壓縮理論。就好像你在火爐上煮醬料一樣，你想把時間、空間及整個流程給簡化，讓精華的部分能夠留下來。這樣的方式也會讓你的公司隨時都在備戰狀態，對於新的發展也較能快速反應，而且也能夠持續的出現好的想法。

一個很好的例子就是，一九九七年我在之前待的廣告公司 **Wells, Rick, Greene** 的最後幾個月那段期間，濃縮咖啡如何在某一個早晨成為創意的大融爐的故事。當時我正坐在前往公司的計程車裡看報紙，剛好看到複製羊桃莉成功誕生的報導。我心中突然有個想法，讓我忍不住想飛奔到公司去。當我衝出電梯大門進入大廳時，我只是一個心中有個單純想法的女子。我手中拿著報紙在大家的面前開心的揮舞著，不斷的說我們一定要做一個跟複製有關的廣告。大概兩分鐘之後，我到了我的座位，這時桌上的電話響了。打來的是華爾街日報的記者沙莉，她想找公司的公關經理珍。

她說：「我想詢問是不是有任何一家廣告公司正在做關於複製的廣告？誰先做，我就會幫他們寫篇專欄。」

我跟她說：「那你就準備幫我們公司寫篇專欄吧。」掛上電話後，我馬上衝出我的辦公室。

我告訴每個創意指導，要他們先放下手中在做的案子，然後聯絡他們的客戶看看是否有人願意改變原本創意的方向而改做一個關於複製的廣告。我跟他們說：「你們就告訴客戶說有家報紙要寫篇複製廣告的專欄。這個廣告在哪裡或是何時播出並不重要，它也不需要是個大成本的製作，只要是個以複製為主題的廣告就可以了。」

我來回的在公司的走廊穿梭著，直到有人高聲的喊說：「海尼根（**Heineken**）說他們還滿有興趣的。」因為當時我們正在幫海尼根做新的廣告，而且海尼根的行銷副理戴維斯也把創意的部分完全交給我們。

不到幾分鐘，我召集了一堆人擠在我的辦公室，裡頭包括了從最資深的創意編輯到最資淺的助理。從地板上、桌面上到椅臂上都坐滿了人，大家七嘴八舌的開始做腦力激盪。沒多久我們就有了一堆想法，過了兩個小時就我們把最滿意的傳真給海尼根的行銷副理戴維斯。

戴維斯也跟我們一樣想要免費的宣傳，所以他很快就核准了認為可行的部分：有兩顆海尼根專有的紅星排在一起，然後加上「但是哪一個是複製的呢？這樣不是很可怕嗎？」這個標語，最後這則廣告刊載在紐約娛樂周刊上。想當然爾的是華爾街日報的記者沙莉也寫了篇名為「我的靈感來源：廣告公司 **Wells, Rich** 加倍地為海尼根做了個複製廣告」的專欄於一九九七年的三月十八日刊出。

經由放下每個人手中的事情，強迫每個人拿出行動，我們為公司創造了很受矚目的免費宣傳。這並不是很正統的做事方法。有很多的廣告公司會拒絕這樣的事情，因為這會影響他們手邊原本的工作。有很多的客戶也不會很喜歡這樣的想法，因為這可能已經超過了他們公司長期的策略規劃之外。但是戴維斯並沒有花很多時間在決定，是不是一個以複製為主題的廣告會對海尼根啤酒的銷售有多少影響。他瞭解一個單支的廣告並不會讓整個銷售額一飛沖天，所以這並不是重點，更重要的是這個絕佳的行銷機會。有時就是這種短期的手法會創造出一鳴驚人的騷動。

像這樣的事情也只能發生在一家小卻很靈活的公司裡。也因為沒有太多的官僚體制使整個流程慢下來，我們才能順利的在午餐時間好好的想一想如何把整個提案給完成。

在今天這個競爭激烈的環境裡，只有把你的公司精簡到敏捷的組織才能夠創造出一名驚人的創意來。在一九九五年的《品質和參與期刊》（*Journal for Quality and Participation*）裡就有作者提到說：「其實當新的競爭者可以隨時出現，或是市場可以一夕之間被重新定義的時候，去瞭解一家公司在市場中的位置已經沒有太大的用處了。想想看當影印機及桌上型電腦普遍之後，對複寫紙及立可白製造商的影響就可以知道了。」換句話說，在商場上唯一不變的就是改變。

以下就是關於在這個快速變遷的世界裡，要如何創造一個能夠掌握機會及快速反應的組織的例子。

壓縮空間

當大家創業的時候所做的第一件事情是什麼？先找一個舒適的空間好開始發展，但這是他們所犯的第一個錯誤，有多少多出來的空間其實跟最後的創意成果是無關的。然而，我們把這個原則獨立出來多半是個意外，因為我們的第一個辦公室那麼狹小的原因，有可能是因為我遺傳到了猶太人勤儉的基因。

KTG 集團是從我在曼哈頓十九街的住處三樓開始的。原本那是重新裝潢過要給小孩使用的空間，但是也剛好可以擠得下我們一開始所需要的五位員工。不過在半年內我們就拿到了好幾個大案子，員工增加到十七位，將七百平方英尺的空間填得滿滿的。不動產就是一塊在地板上的區域，你有你自己狹小空間跟一支電話。可怕的、恐怖的、令人毛骨悚然的每當有人去上廁所時，大家就開始搶位子。我們沒有儲存空間，所以必須把提案用的畫板放在浴槽裡，而且還要掛一塊大牌子，警告大家不要開水龍頭。

那是我第一次必須得承認，沒錯，在這麼小的辦公室是有它不便之處，但是我們也發現了一些事情：創意總是充滿在這個只有兩個房間大小的空間裡。我們發現當大夥聚在一起時，我們思考的更敏捷，工作的更勤快，注意力也更集中。有一次當可麗柔要求我們把另一家廣告公司所做的原本很普通的草本精華沐浴乳廣告改得更活潑一些時，我們馬上就同意了，而且說服了一位剪接師接下此案，把她的器材搬上三樓到我們的辦公室裡工作。而辦公室裡沒有人可以做其他的事情，因為這個案子早就佔據了整個空間。

所以我們都放下手邊在做的事情來看看之前作好的影片。我們用五分鐘的時間來重新改原先的腳本，而且用接龍的方式即興創作。幾個小時之後我們就完成了一個很有趣的版本，而且隔天早上可麗柔的人也非常的滿意。這個廣告隨即在全國性的電視網上播出，而就在播出一個星期之後，可麗柔就決定把整個沐浴乳的案子交給我們來做。而這個廣告最後也讓可麗柔拿下沐浴乳在美國市場第二名的位置。

KTG集團就是小而美的活見證。在我們第一個狹小得會讓人有幽閉恐怖症的辦公室裡，我們從最初的一個客戶開始，到一整串的名冊。經手的廣告額度也在四個月之內從兩千七百萬美元升到一億美元。

❖壓縮創意

當你排一個創意會議的時候，別害怕把大家的位置排得擠一些。我們也很小心的不把創意會議安排在有那種大型紅桃木桌子的正式房間裡。因為距離常常會阻礙大家的自發性與互動，也會讓大家容易不積極參與會議而在混時間。此外我們總是會少擺一兩張椅子讓有些人沒有位置坐，而那些必須站在牆角或坐在地板上的人反倒常常是想出好點子的人。

當然我們並不是提倡大家要把辦公室搬到衣櫥裡。當我們連接電話都會撞到別人的咖啡杯時，我知道我們一定要換地方了。四年之後，我們換了三個地方，也併購了一八七七年成立的近代廣告史上第一家廣告代理商"N. W. Ayer Advertising Agency"，也接收了好幾個他們原本的客戶，而這個擴張的行動也迫使我們必須搬進艾爾位於曼哈頓世界廣場三十四樓的辦公室。雖然我們現在有了五年前夢想的辦公室，但是我們仍然維持以前在三樓狹小辦公室時的精神。我們很少在會議室裡開會，反而都是擠在我的辦公室裡進行。我們也常常供應午餐，讓大家不用往外跑。大家都分享辦公的空間，而我們也試著讓大家都聚在一起。

很重要的一點是，不要讓把大家湊在一起的想法，跟把全部的人都放在一個開放空間裡的方式給混在一起了，後者已經變成一種趨勢，就連最保守的公司也都開始這樣做了。就像是寶鹼在新加坡的新辦公室就揚棄了以往的獨立式空間分割，改採取開放的方式。現在已經沒有固定不變的辦公室了，當大家刷卡進入辦公室後，每個桌子都可坐人，所有的溝通都是藉由行動電話和筆記型電腦，大家也都有各自的小儲物櫃可以放置個人物品。另外也有好幾個小型的協商室，讓大家可以擠在裡頭商討同一個案子。像這樣開放式空間有它的好處，除了節省成本之外，研究也顯示在開放的「作戰室」中，比在獨立的空間裡工作會更具有創意。

當然我們可以爭論說，團隊的建立其實是跟空間的開放或封閉沒有關係，然而本質上更重要的是如何讓大家都能緊密的工作在一起。也許是因為不舒適可以讓人工作的更快一些

（這已經成為很多公司讓大家站著開會的理由），或者是多餘的空間會使想法無法凝聚在一起。當工作同仁侵犯到彼此的領域時，他們似乎無法幫忙做出建言，但是所產生的那些立即性批評卻可以改善整個案子本身。而且這種不經意的合作，所帶來的最大副產品就是，在整個專案結束之後，讓許多人對最後的成果有種很深的革命情感。

當我們搬到最新啟用的辦公室時，即使大家可以選擇個人的辦公室，但我們創意團隊裡的湯姆跟艾瑞克仍然選擇他們要在共用的空間裡一起工作。湯姆解釋說：「因為我們在同一個空間裡工作時更能激發創意。當你想要做腦力激盪的時候，一個坐在旁邊的人會比坐在走廊另一端的人來得方便些。一般來說，當你想一些創意的點子時，阻礙越小越好，而在這時候隔板可能就變成一種阻礙了。」

在一個擁擠的辦公室工作還有另一個意想不到的好處，那就是你不需要花太多的時間去擔心辦公室裡的政治鬥爭，因為大家都坐到近得讓你沒辦法在背後說人閒話。也因為你躲不開別人的眼光，所以在辦公室裡頭大家比較不會做私人的事情。如果同時有好幾個人都可以看到你的螢幕時，恐怕你要上線買東西會比較困難些，也因此大家都會比較專注在工作上。

當然剩下的就是要如何說服你的員工，讓他們相信分享辦公室或是減少私人的空間其實是有許多好處的。昂貴的辦公室還是被認為是種權力的象徵，而且要大家欣然接受那種擠在一起的辦公室可能有些困難。在一開始的時候，我們常常接到同事的抱怨說他們很難在人來人往的辦公室裡工作，因為他們可以把其他人的對話聽得很清楚，他們怕連信用卡公司打來催帳的消息，立刻會傳遍整個辦公室。

之前在新加坡寶鹼監督辦公室搬遷的主管，而現在已經調到大陸保健美容部當副總裁的拉維・卡特維迪（**Ravi Chaturvedi**），當初就把整個搬遷的過程設計得像是升級一樣來解決這種個人意識的問題。他說：「大家會來看新的辦公室也會給一些意見。我們強調開放空間是公司文化的一部分。我們把它架構成公司的文化變革，來讓整個組織朝新的方向前進。一個開放、透明的環境，沒有躲在暗處的感覺。我們也挪出了部分區域來做為咖啡區及沙發區以供大家休息聊天使用。」

其實那只是習慣的問題罷了。心理學家及管理顧問歐娜・羅賓森（**Ona Robinson**）表示，人是可以透過學習來適應一個擁擠的環境的。她說：「在一個傳統日本人的家裡，即使有很多的空間但是卻沒有太多的隱私，因為牆壁本身就很薄。所以在這種文化下，他們的行為就變得有點神秘，因為他們已經在心中建構了自我的空間。但是在我們現在的文化裡，如果我們把大家擺在開放空間的時候，他們不會在心中建構好隱私的自我空間。我們所受的教導是如何關起門來思考，我們還沒有開放式的工作技巧。」

歐娜繼續解釋說：「人類轉變成文明的能力，取決於受刺激時抑制反應的能力。假如你站在房間裡，對每種迎面而來的刺激感受能力是一樣的話，那你可能就會瘋了。而當你一開始把大家放在開放空間裡工作時，他們的腦袋可能還沒有準備好要適應那樣的情形，所以他們還沒有辦法抑制從四面八方而來的刺激。經過一段時間之後，儘管他們可能還是會抱怨，但他們已經逐漸培養那樣的技巧了。」研究也證實了這一點。密西根大學的心理學教授朱迪思·歐爾森（Judith Olson）針對開放空間的辦公室所做的研究也顯示，上班族其實比他們心中所認知的更喜歡在一間大型的「作戰室」裡工作，而他們也沒有自己想像中的那麼容易受到別人影響而分心。

的確在經過了一段時間之後，當初在KTG集團裡的每個人，也很快就適應我們之前原本狹小的空間。事實上，他們已經習慣去過濾掉不相關的背景雜音，而同時讓創意源源不絕的出現在腦海裡。

壓縮階級

當我們在討論創意的時候，最忌諱的就是層層的控制。如果一個行銷團隊或公司期待產生一鳴驚人的創意時，整個組織的架構一定要盡量的減少監督者這一類的角色。只有透過扁平的管理組織結構讓少數的人掌握權力，才能讓創意順利的滋養。

假如說你公司旗下的一位文案有個很棒的想法，但是想法本身卻會危及或冒犯上頭某個人，這時若你的公司有沉重的官僚體系存在的話，這位文案可能採取的行動就是避免冒上，所以最後他並沒有努力的把那個很棒的想法積極向上推銷，他反而會想：「我為什麼要冒這個險？反正最後上頭的某個人還是會說不。」所以最後他決定要寫一個沒有人會討厭的文案或報告，而選擇最不會有問題的方式。

省略官方程序

還記得懂得打扮的女性，最愛用的招式是什麼嗎？出席晚會之前，先把所有的衣服都穿好，然後看看鏡子，再把其中一件衣服上的裝飾品給脫下來。同樣的道理也可以用在公司的運作體系中，好好檢閱一下貴公司的組織建制，然後看看您可以把哪個部門給取消掉。對於公司的運作體系來講，層級越少，工作效率也就越高。當然，結果一定是人人身兼數職，但這也不是什麼壞事。這會使得每個人都得用多元的角度，去看待他們所面對的問題，而不是墨守成規。當一名資深員工無法面面俱到的時候，她也可以很順利的讓後進晚輩來分擔解勞。此外依據研究指出，倘若公司內的後進員工，能夠因此而獲得成功，從此也會對自己以後的工作，有較多的經驗值和較高的責任感。

而這種方式也只會得到平庸的結果。雖然創意可以透過這種方式，順利得到層層的批准，但是很可能是經不起考驗的。所以在組織結構上存在過多的官僚制度時，便會使一鳴驚人的創意在層層的把關之中消失掉了。

當然對某些公司或產業來說，一種疊床架屋的組織結構是很重要的。科學家們在出版刊物時，就非常的仰賴同儕間的相互監督。有些政府機關就會經由層層的核准來確保所有選民的聲音都有被聽到。顯然地每家公司也需要最終的仲裁者來做決定，但即使是一些像艾佛拉克保險公司，或是我們的母公司法國陽獅集團（Publics Groupe）這樣大的企業，也都盡量縮短其決策的流程。在一個扁平組織裡工作時，員工就不會花太多的時間在公文往返，而能夠多花一點時間在創意的生成上。

有一種保持平坦組織架構的方式就是停止晉升員工。在大多數的公司裡，如果你想要賺更多的錢或是贏得更多的尊重，唯一的方式就是升官。我們相信組織必須打破這樣的循環，停止創造那些一心只想升官以便可以掌控更多，及得到響亮稱號的人。升官會造成反效果：一個文筆很好的文案如果把精力都花在監督新進的文案身上，怎麼會有好的作品出現呢？畫家畢卡索從來不會想當博物館的館長。小提琴家米多莉也沒有汲汲營營的想要成會柏林交響樂團下任指揮。你最不該做的一件事情就是把一位很有才華的文案拔擢為執行長，然後告訴他必須管理旗下所有的文案，最後每個人都會抱怨連連。領導力與創意是兩樣截然不同的能力，很少人能夠兩者兼備。

我們所提倡的是水平的進步而不是垂直的上升。就像是優秀的演員不斷的藉由飾演不同的角色來拓展自己的才能，或者是傑出的音樂家不斷的拓展自己排練好的曲目一樣，你的員工應該能夠瞭解到，他們真正的價值是來自於不斷的發展他們的優點。不斷的往組織的階梯上爬，只會把一個人帶到一個連自己的最大長處都無法發揮的地方。

似乎每個人都認為賦予員工更多的權力是讓他們能夠創新的最好方法。根據管理顧問，同時也是《千禧職場》（*Workplace 2000*）的作者約瑟夫・波耶特（**Joseph H. Boyett**）及亨力・P・孔恩（**Henry P. Conn**）在書中表示，現在美國的公司有一種朝向自我管理的趨勢，而團隊裡也不再有傳統的老板或監督人，取而帶之的是一個團隊來為他們整個的工作負責。這種自我授權的概念也許在某些產業會運作的很好，但是我們覺得這可能不適用在行銷業裡。我們相信如果你把責任扛起來，其他人就可以自由的去創作。

當你下放你的權力的時候，你也同時賦予別人責任，而責任不一定有利於創意的發展。當一個人必須對一個專案負全責的時候，他總是會猶豫該不該採取風險性較高的方法，但是也就是那些高風險的想法更有一鳴驚人的可能性。

我們發現當做決定的壓力被移除了之後，我們的同仁就比較不會閃避而較能夠面對危險的部分，結果我們也就有更多好的創意出現。當大家知道即使最後失敗了也不會被轟得很慘時，一鳴驚人的想法就更容易出現。

當**KTG**集團跟老牌的廣告公司N・W・艾爾合併時，我跟艾爾的員工開會時說：「你們之前的所有職稱都會被拿掉，因為在我們 KTG 集團沒有那樣的稱謂。我也不會根據你管了多少人來給薪或加薪，但我會根據你所創造的工作獎賞你。一切都跟你為公司創造的價值有關。」我向他們解釋說職稱只是用來說明你做的是什麼，並不表示你有多重要。我跟羅蘋都很擔心這項政策會有副作用，但是結果證明只有一些小小的爭論，多數人都欣然接受。現在每個人都有一個功能性的稱謂來讓別人知道他／她做什麼，像是客戶總監（Account Director）或廣告文案（Copywriter），但是我們沒有一堆副總和執行副總。

當員工不再把焦點集中在像職稱這樣實質意義較小的獎勵上時，他們就會開始聚焦在能為公司創造商機的想法，及這類真正會獲得獎賞的事情上。他們會專注在當下去做對的事情，而不是老想著要升官。這種獎勵不是你一伸手就可以拿到的，而是你必須要把你現在的工作完成才能獲得。很快的你的員工就會對這種每天樂在工作的感覺上癮。而當你那種感覺越濃的時候，你要的也會跟著越多。藉著把焦點轉移到大家每天的工作上，而不是職稱或權力時，事實上你是在為大家創造更多的成功機會。

當然我們也很倚重一些正面的獎勵，無論是言語的或金錢的，例如說當員工為公司帶進案子時的即時獎金。這些獎賞應該是，如果大家願意的話，就能在每天的工作中達到的，而不是需要工作多年才能得到所謂令人稱羨的職稱。

壓縮時間

在KTG集團裡我們總是日行千里，但也就是這種壓縮時間的思考讓我們創造出許多一鳴驚人的想法來，很多很棒的想法總是出現在期限快要到來的時候。在紐約擔任劇團藝術指導及創意管理顧問的保羅・祖克曼（Paul Zuckerman）告訴我說：「創意是不會慢慢出現的。我曾經在不同的公司與許多的創意人員一起開過會，也看過為數不少的戲劇或電視節目，我所知道的原創思考都是在一夕之間爆發出來的。」

一鳴驚人常常就發生在最不可能的時刻，所以當時間不斷的消失時，能夠保持判斷力是甚為重要的事情。

對於我們之間那些在商學院被教導要花很多時間在分析推理的人來說，我們的認知是，良好的決定是經由謹慎的思考而來的，但這可能不適用在行銷上。行銷的念頭就像是釣魚一樣，並不會隨著時間的流逝而增加釣到魚的機會。然而很多公司並不瞭解這點，他們只是所謂慣性的受害者，把會議時間用來排定會議、設置五個層級的決策流程，或是研究如何發展策略的策略。如果有任何的創意能夠在這種環境下生存那就是奇蹟了，那些一開始可能是創意的想法進入分析及萃取的程序之後就開始逐漸枯萎了。

如果你能夠維持那種絕不浪費任何一刻的意識，那麼你將會有一群隨時準備好可以創作、總是在備戰狀態下、更重要的是會全神貫注的人。就像是《快樂從心開始》（*Flow: The Psychology Of Optimal Experience*）的作者米哈里・契克森米合賴（Mihaly

Csikszentmihalyi）所說的：「一切都與注意力有關。」他表示：「因為注意力會決定什麼出現在潛意識裡，而且注意力也必須同時分心於其他的心理活動——像是記憶、思考、感覺及決策等——所以把它視為是心靈能量比較能解釋。注意力就像是能量一樣，沒有它就沒辦法做事情，但是去做事情又會讓它消失掉。」

我發現沒有什麼會比如果你不馬上反應，競爭對手就會立刻搶走案子時的恐懼更能抓住大家的注意力。就像在典型科幻電影中的太空人，以每小時數百公里的速度朝向你飛過來，就在這時候你的腎上腺素突然發生了作用，讓你英勇地拯救了大家一樣。當一個人知道時間所剩無幾時，常常也是最能充分發揮潛力的時刻。

Ruby Tuesday 的總裁兼執行長桑迪・貝爾（Sandy Beall）就把他連鎖餐廳的成功，歸因於整個公司能夠快速的回應市場的變化。他表示：「我們是那種做比說來得多的公司。基本上我們是以每週為基準在經營公司的，我們不斷的丟出新的創意，然後採用能獲至最大衝擊的點子，而當我們在執行時則是不斷地快速前進，有很多的人因為思考過度或分析過多而喪失了良機。」而事實也證明他們的經營是有獨到之處的。從一九七二年田納西州大學內的頭一間小型餐廳開始，露比美式餐廳到現在已經成功拓展到全世界六百五十家的分店。

在一九八〇年代中期，當迪士尼的動畫部門正遭遇到發展的瓶頸時，《魔術王國的王子：邁可・艾斯納與迪士尼的重生》（*Prince of the Magic Kingdom: Michael Eisner and the Re-Making of Disney*）的作者喬・弗洛爾（Joe Flower）表示，當時迪士尼的總裁邁可・艾斯納（Michael Eisner）在週六的早上設了一個名為「敲鑼秀」（Gong Show）的創意會議，要求每個與會的人在開會之前都必須準備好五個點子。弗洛爾說：「假如迪士尼動畫部門想要繼續存活的話，他們就必須想出很多具有票房潛力的點子才行。」在會議的最後，艾斯納收到來自大家的許多點子，這其中也包括了一個受安徒生童話所啟發的想法。弗洛爾表示在迪士尼原本的作業流程裡，通常接下來的審核過程要花上好幾個禮拜，甚至好幾個月才能批准，但是在星期一動畫部門就接到了核准的通知，而很快的，之前的想法在最後就變成家喻戶曉的動畫片「小美人魚」了。

另外一個在壓力的狀態下更能激發創意靈感的例子，就是已經退休的BBDO北美前總裁杜森貝力最近告訴我的事情。當多年前他在爭取奇異（GE）的案子時，那時奇異正準備把原本交由不同廣告公司所處理的許多不同的產品線做整合，然後全權委託一家廣告公司來負責，所以他們要求現有合作的廣告公司提案來爭取最終的合作權。他回憶說：「在提案的前一天我們把所有的東西都準備好了。我們有樣帶、文案、示圖板及音樂，除了一樣東西之外，其他的我們都已準備好，那就是貫穿整個宣傳的標語。當時有人寫了類似——我們專門製作提高生活品質的東西——這樣的話，但是這聽起來就像是抄在筆記本裡頭的一段話而不像是廣告的文案。」

杜森貝力說：「所以我回家然後一直坐到凌晨兩點，才終於寫出了我認為可以做為整個宣傳主題句的一段話。」

隔天早上奇異總裁傑克・威爾許（Jack Welch）走進會議室，就看見三面牆上都裝飾著「我們為生活帶來美好的事物」的標語。

杜森貝力說：「當他看到標語的時候，我們就知道他非常的喜歡，也知道這個案子是非我們莫屬了。」兩天後他就接到來自奇異的電話表示他已經拿到了這個案子，而這個標語也成為奇異接下來二十年間的中心思想。

在今天的市場上一鳴驚人與一敗塗地之間的差異常常在幾天之內就會顯現出來，就像是大陸航空（Continental Airline）令人訝異的大轉變所顯露的訊息是一樣的。在一九九四年當戈登・貝紳（Gordon Bethune）接手時，大陸航空正要宣告第三次的破產保護，就像他在《新反敗為勝》（*From Worst to First*）書中所記述，關於整個公司如何在重重危機裡起死回生。貝紳表示當時大陸航空的工作環境其實很糟，而服務態度的風評也不是很好，公司在各種的排行榜裡也都是敬陪末座。公司員工像是行李托運工或是機械工等，在下班途中前往超市買東西時都會把身上的識別證拿下來，以免讓別人知道他們在大陸航空做事。

當貝紳掌管公司的時候，他大可訂定一個偉大的五年計畫來做全面的革新，但是他並沒有這麼做，他反倒是專注在那些一個禮拜就可以解決的問題上：那就是讓航班不再誤點及停飛虧損的航線。他曾打趣的說：「為什麼我們一天要有六個航班從北卡羅萊納州的格林保羅（Greensboro）飛往南卡羅萊納州的格里維爾（Greenville）？難道是誰在那裡有女朋友嗎？」

在他上任初期的指示之一就是要求每架飛機看起來必須一樣。這可不是件小事，因為大陸航空一開始其實是由許多類似「人民快航」（People's Express）這樣的航空公司所組成的，因此很少有飛機看起來是一樣的。而且為飛機重新上裝是非常昂貴的，不只是因為工程浩大，也是因為很多飛機早就不堪虧損而停飛了。除此之外，貝紳還要求整個換妝的工程要在六十天內完成，而一連串的改革也讓大陸航空成為在民航史上起死回生最有名的例子之一。

這其中的關鍵之處就是：「時間並不會改善事情的本身」。當我們離最後的期限還有很久的時候，我們總是可以找到無數的其他事情來做。在KTG集團裡，我們所遵循的期限就是「當下」。當有人卡在某個想法裡的時候，我們就會放下手邊在做的事，一起開始做腦力激盪直到把問題解決為止。我們認為既然大家都在這裡，那就不管三七二十一，先解決問題再說。當你必須在短時間裡做決定時，你就會把其他的事情過濾掉，剩下你所要解決的那件事。當你面對巨大壓力的時候，你會完全的集中心力，而突然間就會有無數的想法從腦中開始竄出。就像你以前在學校要交期末報告的最後一晚，突然奇蹟似的把所有的報告寫完一樣。

我們在公司裡創造一種壓力鍋的工作環境，來要求大家面對問題時要有立即的答案。假如你給大家太多時間的話，你很可能也會用那些多餘的時間壓抑著許多很棒的想法。的確，把一個人放在那個急迫的當下時，他就沒有時間去修改他的想法。哈佛商學院的特莉莎・埃默比爾（Teresa Amabile）教授曾經研究過在團體環境中的創意與革新，而把結果於《哈佛管理新潮》（*Harvard Management Update*）雜誌裡發表指出：「當一個團體裡的成員沒有足夠的工作量，或是許多必須完成的任務期限，他們就不會想出最佳的創意，發揮最大的動力或是注意力」。

運動心理學家菲爾・李（Phil Lee）表示：「許多人說打高爾夫球其實是在玩一種心理遊戲。我個人倒是蠻認同這種想法的。也許是因為在其他的運動項目裡，你找不到比高爾夫球更容易受到心理狀態的影響，而對表現結果有關鍵性作用的運動。這當中決定性的因素是時間，也就是在兩個擊球點之間所存在的許多熄火時刻。在一場為時四個小時的比賽裡，真正擊球的時間大概只有四分鐘。而剩下的三個小時五十六分裡，一個人就好像是待在專門培育懷疑及焦慮的培養皿中。當一個人有太多的時間去做思考時，其實是很難做好任何一種運動的。」

「同樣的，即使是一些運動以外的事情，如果你思考過度的話，也同樣沒有多大的益處。就像是你在大學時考試的時候，第一個出現的答案通常是最準的。如果你想太多的話，很可能到最後還是沒有第一個直覺來得準。」

有一種讓人隨時保持行動最佳狀態的方法就是去設一些假的期限。在去年我們幫國際牌（Panasonic）做刮鬍刀的廣告時，我們想拍一個男人在街頭的廣告，而男主角在街上訪問過往的行人。原本我們排定了三到四天的拍攝行程，第一天工作人員出去的時候就一副很輕鬆的樣子，好像第一天就只是暖身一樣。

電子郵件大瘦身

電子郵件在工作上其實是浪費很多的時間的。那些只要開個簡短會議就能解決的事情，往往得花上好幾天電子郵件的往返才能完成。羅蘋、蓋瑞、麗莎和我曾經花了一天半的時間在電子郵件上，就只為了討論夏季星期五的輪休表。我們花在郵件往返的時間就恐怕已經超過一整天的休假了。所以在你休假時，別把公司半本的電話簿轉貼在電子郵件裡，好讓別人不用來煩你，也盡量減少類似美國禮儀專家波斯特（Emily Post）在她的《社交規範藍皮書》中所寫的那些禮貌性回應──「非常感謝、做得好、這是很棒的想法……」──只專注在那些對事情真正有幫助的電子郵件上。

不過他們可沒這麼幸運，我把他們攔住且告訴他們說：「我要你們改變整個的心態。我要你們假裝今天是拍攝的最後一天。我要你們今天就把整個廣告完成，今天回來的時候我要看到一些很棒的東西。」

一開始大家都看著我說：「我想你不清楚我們有四天的時間來完成整個拍攝。」我回答：「不！你們可能不瞭解。你們只有一天拍攝的時間，而且要把整個廣告完成，多出來的只是額外的時間罷了。」

聽完之後大家都士氣大振，大家信心滿滿的出去拍攝，而且一天內就拍到一些很棒的鏡頭，最後證明也是四天中最好的。

另一種能讓事情不斷前進的方法就是把開會變成像在做即興表演一樣。在做即興表演時有個技巧，那就是運用「沒錯，還有呢？」這樣的問題來先肯定另一個人所說的，即使你不同意別人的說法。這會讓你沒有時間去思考該如何來回應，而這也讓你完全沒有考慮的時間，你所能做的只是即刻反應。

劇場即興運動（**Theatre-sports**）的創始者基思・強斯頓（**Keith Johnstone**）指出：「要盡量說『是』以利整個討論的進行。」他表示：「那些說『是』的人所獲得的是心中想要的冒險感，而那些說『不』的人則是得到他們想要的安全感。雖然那些說不的人遠遠超過了說是的人，但是你可以經由訓練來把這種行為做一個翻轉。」假如你對一個建議的回應是不的話，你要冒著讓你的夥伴尷尬的風險，而這也是最大的創意殺手。相反的，如果你用的是正面的回應，那麼你就可以讓大家全速前進。

有一種常常能成功地讓那些很棒的點子不斷湧現的技巧，就是注入一些適度的焦慮來讓大家加快運轉的速度。在與任何重要的潛在客戶開會的前五天，我都會召集大家然後公開的說：「我們什麼都沒有。這實在是很糟糕也很可怕。我們還沒有想出來。」這是一種讓每個人都能上緊發條的練習，而那些緊張的能量也更能激發出很棒的點子。讓我們回想當NASA的工程人員，被告知阿波羅十三號上的二氧化碳過濾器在太空中毀壞的那個緊張時刻，他們拿著與太空艙內一樣的所有東西，然後必須在幾個小時之內做出新的替代品，而他們最後成功了。

另一個例子就是，雖然美國頭號債券經紀行坎特・菲茨杰拉德（Cantor Fitzgerald）在九一一事件受到的衝擊相當慘重，有超過六百位的職員被埋在世貿大樓底下，但是他們仍然在九月十三號就恢復了營業。

一九八〇年代，我在智威湯遜裡負責漢堡王（Burger King）這個專案的創意總監。當時我們正在進行一項名為「漢堡戰爭」的宣傳活動，我們特別以漢堡王著名的火烤「華堡」（Whopper）與麥當勞的「大麥堡」（Big Mac）兩者口味的比較來作為主要訴求，而華堡在口味測試當中贏得了壓倒性的勝利，我們的廣告宣傳也成功的瓜分了「大麥堡」的市場。

我們計畫製作一連串的廣告宣傳，而且也正在積極的選角當中。有一天我接到了來自我們的藝術指導羅伯與製作人帕姆索打來的電話，他們告訴我他們發現了一位年紀只有四歲連話都還說不清楚的小女孩，而且我們一定要幫她寫一場戲。

我當時並不知道一個四歲的小女孩怎麼會咬得下像華堡這麼大的漢堡，更別提來做見證了。但是當我看到她本人的時候，我就知道我們一定得用她了。棕色的捲髮把她可愛的酒窩臉襯托得恰到好處，這麼上鏡頭的小女孩連歌舞劇天后伊索・默曼（Ethel Merman）都會自嘆不如。我馬上就搭下一般的飛機從紐約飛往洛杉磯，而且在飛到愛荷華州上空時，我開始跟隨行的同事討論腳本。

稍後在接近內華達上空時，我們就把腳本完成了，隔天我們就拍完了名為「茶會」這個非常歡樂的廣告。

在看到那個小女孩的二十四個小時之內，我們就完成了由一個小女孩所榮獲當年度美國克里歐廣告獎（Clio Award）最佳表演獎的廣告。

另一個我們用來讓事情快速運作的秘訣就是，儘可能把其他的會議集中在同一個會議裡。假如我讀完一個腳本之後覺得它需要快樂的結尾，我並不需要告訴大家說：「這就是你們該做的！」，然後叫他們回去修改。相反的，我們會繼續坐在一起直到想出一個令大家滿意的想法。

這樣的事情總是不斷的在我們之間發生。一般來說在廣告公司裡，當你在爭取某一個客戶時，你至少會跟客戶碰兩次面。第一次的會面就是讓你吹捧自己的公司與策略，讓客戶瞭解你是怎麼做事的，而客戶通常會先看過許多廣告公司，然後再決定最後幾家入選的名單。也只有在這個時候，當你接到客戶的來電，你才有機會在跟客戶的所謂「創意」會議上來提出你對不同廣告的想法。

在二○○一年的春天，我們受邀參加美國最大房仲加盟品牌冷井銀行（**Coldwell Banker Real Estate Corporation**）競案的最後決選。他們已經習慣一次解決所有的問題，甚至把一連串準備好的問題傳真給最後入選的廣告公司。他們認為這樣能幫助他們決定誰是最後的勝出者。

但是我們卻沒有把注意力放在他們所傳來的問題上。當我們在思考要如何才能贏得提案的策略時，如果我們對於整個廣告宣傳有特定的想法的話，我們就能贏得提案。在我們見到他們的前幾天，我們想出了很歡樂的東西，而這個創意也很適合這個肯花大錢的房地產經紀商。

在會議的當天，儘管我們知道這次會議的目地不是讓我們提出創意，但最終我們還是提出了。內容是一個房地產經紀人與客戶大跳探戈的想法，試圖說明冷井銀行是你「最佳夥伴」的這個概念。我們跳過了原有的程序，而讓客戶沒有辦法忘記那探戈的樂曲，幾個禮拜之後我們就拿到了這個案子。

這個廣告也讓他們在消費者間的品牌知名度上升了百分之三十五左右。

壓縮你的員工、時間與空間能夠幫你打下一鳴驚人的良好根基，但是你要如何組織本身的創意過程呢？

嗯，你必須先從變得沒有組織開始……。

第4章

創造混亂

擁抱混亂所代表的就是，你接受了那些偉大且具破壞力的想法，是經由那些看起來很無聊、表面上也很隨便的想法而來的。

你從亞馬遜網站上唯一買不到的東西就是很棒的點子，而這樣的東西在行銷上是最有價值的。但是你要如何讓人能夠生出創意呢？你如何不讓他們總是走同樣的路，然後去想出新的東西呢？

我們所發現的答案就是要勇敢擁抱混亂。為什麼？因為創意不是邏輯性的。心理學家威廉・詹姆斯（William James）在一八八〇年代就把創意描述成：「一個想法沸騰的大鍋爐，在這個鍋爐裡所有的東西都在嘶吼蕩漾著，好像都處於一種混亂的活動狀態裡，而想法的連結卻可以在瞬間發生或崩解。沒有人清楚運作的過程，似乎意外才是唯一的法則。」為了能夠讓你公司裡的每個人都能發揮創意的潛力，你必須容許某種程度的混亂。

《策略性思考與新科學》的作者艾琳・桑德斯指出在現代這個不斷改變的世界裡，非線性的思考已經變得很重要了。當我們連天氣也無法準確預測時，就更不用提預測人類的行為了。久而久之，不管在商場上或是政府裡，混亂總是能夠讓我們跳躍出簡單的因果關係，而專注在更直覺也更聯想的思考上。在華盛頓郵報最近的一篇反恐戰爭的文章裡，桑德斯警告我們千萬別低估了世界的複雜性。她說：「長久以來，我們的軍事情報單位總是很簡化的用過去所發生的事情來預測未來，其所依賴的思考就是我們所熟知的線性思考。而當你認為你已經有了所有的答案時，你就不會繼續再問其他的問題了。」她強調這也是美國政府最後沒有辦法阻止九一一攻擊事件發生的原因之一。

在行銷的領域裡，非線性思考已經成為抓住現今不斷變化的消費者其注意力的唯一方法，而非線性思考也只能在一個對的環境中發生。我們碰過好幾個例子就是，當某人在別處的生涯處處不順後選擇跟我們共事，卻也因此開始大放異彩。在我們比較非正式且放鬆的辦公室裡工作，創意人員都知道他們所在的地方是隨時可以拿任何東西，沒有地方是禁止進入的，每樣東西都有可能性。在一九八〇年代裡，**IBM** 總裁詹・愛克斯（**John Akers**）會失敗的一大部分原因，就是因為那種顯得有點荒謬的風格。《創造性破壞》一書的作者佛斯特與凱普蘭指出愛克斯：「所相信的是那種連續性、逐漸性及遞增性的改變方式。而愛克斯及 **IBM** 所熟知的世界正在他們的腳下轉移，因為大型電腦的全盛時期已經消失了。」雖然 **IBM** 到現在已經逐漸的茁壯，但是當初卻不知該如何處理那個在車庫裡發跡的電腦鬼才為整個產業所帶來的混亂。

甚至這世界上最有創意的人也被那種守口如瓶的氣氛所完全妨礙。紐約心理學家歐娜・羅賓森博士指出：「創意人員經常遇到的問題之一就是，他們常常不知道如何收尾。這是因為他們試圖要在同一時間內接受太多的可能性。」

這就像是量子理論一樣，只有當一個事件發生時它每一個可能的先期突變（**permutation**）才有發生的可能性，然而就在事件發生的這一點上只剩下一個先期突變是有可能存在的，而其他的所有可能性就同時消失了。

一家一鳴驚人的公司一定要維持儘量對所有可能性保持開放的機動。當然到最後還是要做決定的，但是有太多的組織為了所謂的效率就把討論提早結束，結果就是敗給了那些能經得住非線性思考所導致的混亂考驗的競爭者。

擁抱混亂所代表的就是，你接受了那些偉大且具破壞力的想法，是經由那些看起來很無聊、表面上也很隨便的想法而來的。就像是《快樂從心開始》的作者米哈里・契克森米合賴所提醒我們的：「阿基米得並不是第一個看見水從浴缸滿出來的人，牛頓也不是第一個被蘋果打到的人，瓦特也不是第一個看到蒸氣從茶壺冒出來的人，但他們三位都在日常生活裡一些平淡無奇的事情上看到了更廣的意涵。」

接下來就是KTG集團最近從一個原本微不足道的想法開始而最後成功的故事。

■用牛奶就對了

在二〇〇〇年的秋季，我們拿到了世界著名的帕瑪拉特乳品（Parmalat Milk）的案子。當時我們很興奮能拿到這個案子，但是我們馬上就得想出方法來銷售他們的新產品－添加維他命E的脫脂牛奶。原本我們在提案的前一天就應該已經有一些很棒的想法給在帕瑪拉特的那些人，但是我們一如往常的還沒有想到很好的點子。

就在晚上的十點鐘左右，有八個創意人員擠在我的辦公室裡頭。客戶給了我們一疊關於維他命E優點的報告，告訴你它怎麼幫助皮膚更光滑及彈性，而且對身體的健康有多好。我們徒勞無功地花了很多的時間試著想把所有的優點串聯起來，但結果實在是令人沮喪。在過程中一度低潮時，我們光在找一個跟「表皮」（epidermis）押韻的字就花了五分鐘之久。

我在心裡頭想說，這並不會有什麼結果，所以我開始談論我對牛奶最早的回憶。於是某人開始說他無法容忍乳糖的事情，另一個人說他仍然喝很多的牛奶，很快的每個人都進入到童年的回憶裡。

多數的老闆在這個時候會阻止大家，然後逼每個人回到手邊的議題上。但是就我的經驗所學到的是，對於那些做創意工作的人來說，這種聊天的方式其實就是點燃創意最好的方法，所以我也讓整個對話漫無目的的進行著。

我們創意服務的經理蓋瑞笑著說：「我以前一直認為巧克力牛奶是從巧克力牛身上來的。」

我在中間插進一句話：「我喜歡脫脂牛奶的味道。」

我們的文案之一羅蘋喊說：「你怎麼可能會喜歡脫脂牛奶？它喝起來很糟，就像是白開水一樣沒有什麼味道！」

我說：「可能是因為我從小就開始喝脫脂牛奶，所以已經習慣它的味道。」

羅蘋回應說：「當我小的時候，我根本不知道脫脂牛奶（**skim milk**）是什麼東西，也不懂撇去（**skim**）這個字的意思。所以我一直以為大家都把它叫做護膚牛奶（**skin milk**）。」

剎那間我們都停下來，突然明白這就是我們要的。護膚牛奶是能夠描述這種添加維他命E的牛奶最好的一種方式，而我們也根據這個想法做了一支廣告：首先你會看到一種白色乳脂狀的物質在瓶子裡旋轉的近距離鏡頭，而當配音員正述說著這種加維他命E的新護膚產品時，你會以為看到的是面霜廣告。然後鏡頭拉開之後，你會看到一個手握瓶子的女人正準備要喝下瓶子裡的東西。就在這個時候，配音員說：「這是添加維他命E的帕瑪拉特脫脂牛奶，但是我們把它叫做護膚牛奶。」當我們把這個廣告放給帕瑪拉特的人看時，他們都愛極了這個創意。

也許在重要會議前一晚的十點鐘，去做一些散漫且離題的討論，看起來是很沒有效率的事情。但是讓大家能夠跟著感覺走，不是硬要把他們拉在一個主題內，而是讓大家去做一些有趣的連結，反而更能夠讓很棒的點子出現。創意思考專家羅傑・馮・歐克（**Roger von Oech**）指出，文藝復興時期國王身邊的弄臣的功用，就只是讓大家用更幽默的角度來看事情。他表示：「弄臣對於任何在討論的事情，總是不斷地經由拙劣的模仿來讓它用新的方式再次呈現。他也許會讚美對手，嘲弄那些地位崇高的人，或者是大家所認知的情況做出完全相反的解釋。例如若有一個人反坐在馬背上，為什麼我們會假設是那個人倒著走而不是那匹馬倒著走呢?結果就是他能夠破除一般人對事情既定的看法，讓大家從新的角度再來看事情的本身。」

一個能一鳴驚人的公司會允許員工把既有的元素，用非傳統的方式重新組合在一起，讓大家能做橫向思考而不是線性思考。**我們把它稱為創意的混沌理論**。接下來就是要討論在我們公司裡我們是如何鼓勵混亂存在的。

不要太彬彬有禮

很多公司的老闆花很多零碎的時間在確定每件事情是否都很正確。用流程圖來顯示每個專案的進度。批評要處理的很圓融。辦公室裡要遵守某種程度的禮節，也就是每個人都要很有禮貌，講話也不能太大聲。如果你表現得很愚蠢的話，那你就升遷無望了。這就好像是在辦公室裡放了告示牌，上頭還寫著：「這裡是讓你工作的地方，所以我們不希望有人在這唱歌或是討論私人的事情。我們已經發了很多的資料，所以希望大家可以多看看那些圖表及資料。」想想看我們到底花了多少的時間浪費在遵守所謂的職場禮節上！

很少人可以在這種氣氛下，創意還能源源不絕的出現吧。當然那些正式的職場禮儀也必須適時適地的表現出來，但是如果你把所有的時間都花在擔心工作流程是不是順暢或社交禮儀上，你可能正嚴重的妨礙創意的滋長吧。所以長久來說，減少不必要的規範才更具有建設性。

像3M在早期，其實就是很典型的一家因為輕鬆的工作環境及文化而受益良多的公司。當然結果就是一連串一鳴驚人的創意。在一九二〇年代初，當3M主要的產品還是砂紙時，鼓勵創意的文化就早已深入公司內部了。有一次當一位員工在修車廠的時候，恰巧聽到一個油漆工正在發牢騷，因為他在用糨糊黏貼報紙來幫車子分隔兩種烤漆顏色（當時雙色車正大行其道）時，總是會留下不直的線條以致破壞車身或是塗得太多造成斑點的產生。而當這位3M的員工回到辦公室後，儘管他的上司並沒有要求他要解決這個問題，他還是依照需求設計了遮蔽膠帶。而這項發現導致了蘇格蘭膠帶（**Scotch tape**）的發明，最終也促成便利貼（**Post-it**）便條紙的誕生。就如《基業長青》的作者們在書中所說的一樣：「雖然便利貼便條紙的發明可以說是有點意外，但是如果你看到了**3M**為創意所提供的環境，就知道孕育出這樣的發明可以說一點也不意外。」

忍受雜亂

雜亂的辦公室常常是過濾創意的徵兆。那些放在窗邊的舊文件、錄影帶及示圖板只需要一點時間就可以在陽光下逐漸褪色了。然後就在每半年的一次大掃除裡頭（或者是清潔窗子的工人出現時），那些還沒有畫完的草稿也許能繼續用在最近的某個案子裡。在**KTG**集團裡，我們發現這種經常性的整理或移動物品反而成為了激發創意的好來源，所以我們都很樂意忍受某個角落很雜亂的樣子。有時候一個想法可能對某個客戶不管用，但是卻是很適合另外的客戶。

你必須創造一個可以讓神經鍵用一種料想不到的的方式來連結的環境，而為了達成這個目標，你必須讓大家放輕鬆，同時也降低每個人自我防衛的程度。卓越的才智及創意，都需要那種不必擔心他們所說的話是不是正確的環境吧。當一個人在放鬆的狀態下更能夠具創造力，也隨時可以說出心裡的想法。

有一種鼓勵不拘禮儀的最好方式，就是在辦公室裡到處走動。就像《林肯論領導》（*Lincoln on Leadership*）的作者唐納・菲利普（Donald T. Philips）在書中所敘述的，林肯總統常常會花大半天的時間在他閣員辦公室走進走出，跟他們聊聊天或是闖進一個會議裡找人談話。菲利普寫道：「對林肯來說，那些跟他的屬下不經意的接觸就像是正式的聚會一樣重要。而且不只如此，如果情況允許的話，他寧可選擇在比較輕鬆，沒有壓力的狀態下跟其他人接觸。」

這種走動管理的理論（Theory of Wandering Around）鼓勵人們走出他們的辦公室去跟其他的同事互動。我們就常常在走廊上跟特定的一群人討論事情，也常常想到就抓著在場的人開會。很重要的是讓大家覺得不受拘束，也可以自由的走進別人的空間裡。

寶鹼的前總裁拉維・卡特維迪（Ravi Chaturvedi）就常常花很多的時間在辦公室裡走動。他說：「事實上如果你到處走動而且問類似——你在做什麼呢？有什麼我可以幫忙的嗎？——這樣的問題的話，你是可以獲得許多資訊的。」卡特維迪並不提倡安排正式的會議然後大家提出準備好想法，他反而更喜歡那種每週召開，然後在會議裡沒有設定議題，大家都可以提出任何想法的會議。他表示：「我從來不設定議題，或是讓大家覺得他們只有在有事情必須要請示我的時候才能來見我。此外，我在每個月還設有爐邊對話的時間，讓大家可以說出任何心中想說的話，而這時候就不像是平常的那種是或不是的會議了。」

在KTG集團裡，我總是鼓勵大家如果他們心裡有什麼想說的事情時，可以不用擔心什麼，隨時造訪我的辦公室。兩個臭皮匠（常常，但並不總是）勝過一個諸葛亮，那就是當兩人開始撞擊出火花的時候。有一個類似這樣的好例子就發生在一九九〇年代末期，當我們在幫美國紅十字會做宣傳廣告時，那時我們正在想有什麼樣的東西可以趕上千禧年的熱潮。有一天早上我們的文案羅蘋毫無預警的走進我的辦公室告訴我說：「我想到了，你看這個小孩，同時配音員會說：『當這個小孩八歲的時候，她家裡將遭遇一場大火，而紅十字會的人會來解救她家。當她二十一歲時，她會遭逢一場意外，而紅十字會的人會提供救命的鮮血。當她要生產的時候，她所居住的小鎮將會遭到颶風的侵襲，而紅十字會的人會來幫她重建家園。』」

我放下手邊正在做的事情，然後看著羅蘋說：「不會吧！羅蘋。你把紅十字會當神嗎？他們怎麼會做所有你剛說的事情呢？他們怎麼可能會預知事情的發生呢？——慢著！如果我們把事情做個大轉彎呢？」

接下來我們花了十分鐘想出了一個紅十字會很喜歡的腳本：「一個新的世紀就要來臨了，但它也帶來數以千計的問題。和平將會來臨嗎？你的家人會有受傷的危險嗎？德州的某個小鎮會不會遭逢颶風的侵襲？你的女兒會不會需要新的輸血方式呢？那個幫你交報告的好人會不會也有需要幫助的時候呢？雖然我們沒有水晶球，但是我們只有一個保證。我們會在你身旁！」

雖然羅蘋一開始的想法只是很粗略也不是很完美，但是她對於衝進我的辦公室卻一點也不覺得唐突。雖然很多人都覺得他們必須完全準備好了才敢向老闆提出想法，但是在我們KTG集團的人都知道，那些最好的創意常常是經由半生不熟的想法衍生出來的。

此外我們也在辦公室鼓勵自由自在的氣氛，我們會刻意容忍那種在幼稚園裡決不允許的行為發生。我們會放任大家的情緒高漲。在很多的企業文化裡頭，公開的爭論與對立是絕對禁止的。但是我們相信這只會導致更多負面的被動攻擊性行為。因此我們允許激烈的爭辯或是直接的批評（只要這當中並不涉及人身攻擊）。

我們也容許那種在別處會遭到大加韃伐的瘋狂式幽默。大笑可以釋放每個人的情緒。佛洛伊德在書裡曾寫道，**幽默的精華之處就在於能夠從不同的思緒跟想法間找出他們共同的地方**。看到一位文雅高尚的紳士因為踩到香蕉皮而跌倒會令人忍不住想發笑，但是如果當一隻猴子因為踩到香蕉皮而跌倒會好像是它掉了午餐似的。說笑話可以訓練大家把不相干的事情做連結的能力，而因此產生很棒的想法的可能性也跟著增加。

讓員工找到他們的利基

你不需要是個天才也能瞭解，當一個人在做他所喜歡的事情時，通常最能發揮潛力。當我決定創業之後，我打了一堆電話邀請人來加入我的行列。他們之中第一個說好的（當然，除了羅蘋之外）就是一個跟我共事多年的朋友——格里。我記得她除了是一個才華洋溢的文案之外，還是一個有組織能力跟很會激勵創意工作者的人。很多剛創業的廣告公司會失敗的原因不是因為沒有想法，而是因為根本就沒有辦法把事情做完、有效的運用時間，或者是在搭機前確認該帶的故事板已經放在作品集裡了。我們正需要一個可以處理這種事情的人。

當我決定要用格里時，我並沒有寫好任何關於她工作執掌的內容。在面試的時候，她問我她將要做些什麼事情。我說：「我不知道，但是我知道你會很忙很忙。」現在格里是我們的管理及創意服務總監，她不只要組織整個公司的工作流程，也要當許多內部營運的先頭部隊。她對於想出那種一句簡潔有力的標語也很在行，所以也常常參加創意會議。要是當初她拿手的是外科手術的話，我們現在可能就是在跟賽達西奈（**Cedars Sinai**）醫學中心搶病人了。

當我們在雇用某人的時候，我們會刻意在一開始就跟他們說：「我們會僱用你的原因就是因為你才華洋溢。」然後我們就會叫他想一想自己適合做什麼樣的工作內容。當然我們對於工作執掌在心中也有很寬鬆的標準，但是我們覺得這樣比較好，因為一個人會逐漸發現她／他坐什麼比較在行。就像格里所說的：「當一個人知道對他而言唯一的限制就是自己的想像力，而不是來自工作執掌時，他就會像是充滿了能量一樣，創造出對每個人都有益處的正面氣氛來。」

我們有能夠幫創意提案找音樂的助理，有能夠參與製作過程的會計人員，也有能夠寫腳本的藝術指導。不久之前我們請一位電影剪接師大衛來幫我們修一些提案要用的片子，但是在我們一開始合作的時候，我們就知道他能夠做的其實早就已經超過了剪接師所能做的，結果他變成一個很棒的文案及表演者。從那之後，我們就開始找他幫忙做公司自己的影片——等於是請他來幫我們製作 **KTG** 集團的工商簡介，也請他在我們提案時到場幫忙。

把燈關掉

那種會嗡嗡作響、老式的標準日光燈，對健康心理學家卡索拉來說，是「創意流動的阻礙」。當然如果你要把辦公室裡整個燈光系統完全更新的話肯定是所費不貲，但是還是有比較便宜的方式。在 **KTG** 集團剛成立的早期，當我們發現大家寧可把燈關掉也不想把他們頭上的燈打開時，我們就決定走一趟宜家家居（**IKEA**）。在幫每個人花了十五塊美元之後，整個感覺都不一樣了，現在大家都很快樂的在暖色系燈光下工作。

假如當初我們在部門之間設下嚴格的劃分的話，我們也就不會發現大衛還有那麼多的才能了。

當你讓大家進入別人的領域時，你也同時得到其他好處：那就是新觀點的產生。根據《基業長青》一書表示，很多成功的公司都把這一點納入經營之道，他們會指派一些產品經理在不同的團隊或是實驗室間調來調去。

當然在一個以客戶為導向的公司裡，這樣的概念可能有點難以接受。多數的客戶寧願選擇某位客戶經理負責特定客戶一段時間，甚至數年這樣的傳統方式，這好像是讓事情看起來更有組織一些。但是在我們這行裡頭，結果往往是很多人很快就變成制式化的日復一日在做同樣的事情了，漸漸的他們越來越本位主義，而且只知道跟自己工作有關的事情，對其他的事則漠不關心。到最後只剩下一個不會再有新的想法的人，唯一增加的可能是多了二十五磅體重。

所以我們非常不鼓勵這樣的安排。沒錯，當客戶必須向不同的人去透露機密的商業資訊時，他們可能必須冒更大的風險，但是在同時也得到了來自於那些樂在工作的人所提供的知性刺激。當一個人有機會能夠同時負責不一樣的案子時，對客戶來說往往更有機會得到一鳴驚人的創意。就像佛斯特和凱普蘭在《基業長青》這本書裡寫道：「一次做許多不同的東西對許多創意人來說是很正常的事，因為這讓他們不會太無聊或是阻礙想法的流動，而且也能經由交叉的刺激來得到意想不到的點子。」

在不可能的地方尋找創意

一鳴驚人的創意有可能在任何時刻任何地點發生，但是你必須保有一顆開放的心才有可能看得見。你不能把自己放在所謂「應不應該」的迷思裡。如果你看到下面這些點子，就可以知道它們幾乎都不是單向思考的結果。當海軍的研究人員想要研究更靈活的機械手臂時，他們會去瞭解章魚的爪子。當羅特傑爾大學（**Rutgers University**）的數學家想要提出更有創意的解題技巧時，他們便從日本的手工折紙中找尋靈感。一鳴驚人的創意常常來自於對不同事物間好奇的、迂回的連結，而且這種連結是別人從來沒做過的。

混沌理論有一個原則就是所謂的「蝴蝶效應」，其主張是每一個單一事物，不管本身有多微小，都能夠從小小的水波擴散出巨大的效果。伊恩・史都華（**Ian Stewart**）在著作《上帝玩骰子嗎？》（*Does God Play Dice?*）裡寫道：「今天一隻蝴蝶拍動一下牠的翅膀在空氣中所造成的影響，經過一段時間之後，整個空間事實上正在逐漸擴散牠所造成的影響。所以在幾個月之內，有可能在印度洋上形成颶風，為鄰近海岸帶來前所未有的災難，也或許因而阻止了颶風的發生。」

換句話說，那些看起來似乎沒有關聯性的事情，能夠造成一連串的反應而導致巨大的改變。現實生活當中的一個念頭、一個字或是想法，都能夠影響到對正在進行的案子的構想。

每天打破一種習慣

為了要想出那些很有破壞力的點子，你必須訓練你的腦子用與眾不同或扭曲的方式連結。《活化你的大腦》（*Keep Your Brain Alive*）的作者羅倫斯・凱茲（**Lawrence Katz**）博士跟曼寧・魯賓（**Manning Rubin**）表示，如果你能用不尋常的方式來使用你的五種感官知覺的話就能增加創造力。他們提供了好幾項的建議，例如說帶五種甜甜圈去公司，當你遇到緊急狀況的時候，就只能用嗅覺跟味覺來分辨那五種甜甜圈。今天選擇不同的上班路線。午餐的時候只吃紅色的食物。重點不是你打破了什麼習慣，而是你不斷的去打破習慣。

當克里斯・克勞瑟（**Chris Clouser**）在一九八〇年代擔任貝爾大西洋（**Bell Atlantic**）電話公司公關與廣告副總裁時，他正積極的想找出方法來大力宣傳這個因反托拉司法的執行而分解成立的公司。貝爾大西洋電話公司是小貝爾（**Baby Bells**）公司的一部分，而小貝爾擁有多家地方性貝爾公司，對地方電信市場影響力很大，所以克勞瑟想找出能夠加強集團整體知名度的方法。因為在當時，大家打開電話帳單的時候都會覺得很奇怪，這家公司是什麼?他不想讓大家覺得公司只是在從事公用事業，他想讓它成為消費者生活的一部分。

有一天晚上在家，當他沒有特別在想什麼的時候，他從電視新聞上得知，即將來臨的雷根（**Reagan**）對抗杜卡基斯（**Dukakis**）的總統大選投票率會特別低時，他突然之間明白這可能是他可以用來吸引消費者注意的事情。

他馬上跟好幾位來自各政黨的議員聯絡，然後邀請他們在貝爾大西洋電話公司所贊助的踴躍投票廣告裡代言。前總統福特和卡特雙雙出現在廣告的最後，一起念著貝爾大西洋電話公司的標語「我們不是光說不練」。這個廣告的效果好到在路旁播放時都會導致塞車，它在大選前一晚的新聞時間在各大電視網同時播出，而它也是一種絕佳的方式，讓所有消費者知道貝爾大西洋電話公司不是一家只會在每個月把帳單送到你家的冷血企業。假如克勞瑟不是那種隨時隨地都有能力看見創意存在的人，那麼這則由才華洋溢的比爾・雷恩（**Bill Lane**）所寫的廣告也就不會發生了。

美國李奧貝納（**Leo Burnett**）廣告公司的創意總監謝麗爾・貝爾曼（**Cheryl Berman**）也有著類似的故事。好幾年前當她負責美國航空這個客戶時，有一次她搭乘美國航空的飛機前往夏威夷開會的途中，她注意到有位空服人員正告訴機上的一群遊客關於他的故鄉——夏威夷的故事。他提到在夏威夷的祖母、當地人好客的天性，以及他們是如何的溫和友善。貝爾曼回憶說：「我環顧四周看到所有的人都被這個男性空服員所迷住了，所以我心裡想如果這樣的事在這裡行得通的話，那麼把它放在廣告也一定可行。」所以在那個當下，我馬上把這個人的名字記下來，然後開始寫下他所說的故事。不久之後，那位空服員就在美國航空的廣告裡擔綱演出。

■漢堡店的瘦身廣告

二〇〇二年五月，我們正努力的想要拿到漢堡連鎖店 Blimpie 這個客戶。最後我們想出了一個很有破壞力的點子，只是因為有一天晚上我帶著女兒愛蜜莉出門去。

我帶她到一家由在場的小孩子自己說笑話給其他人聽的喜劇俱樂部，其中有一個小孩模仿了 SUBWAY 潛艇堡餐廳廣告中賈德的演出。如果你不知道這個廣告的話，它是當時一系列 SUBWAY 潛艇堡廣告之一，內容描述了一個名叫賈德的真實人物，宣稱自己減重兩百磅，完全是因為吃了 SUBWAY 潛艇堡餐廳的健康三明治。

當漢堡連鎖店 Blimpie 聯絡我們時，他們正因為 SUBWAY 潛艇堡廣告的大受歡迎而急得跳腳。在之前的五年裡，漢堡連鎖店 Blimpie 的市場佔有率不斷的縮小，而 SUBWAY 潛艇堡餐廳的市場佔有率卻從百分之二十七提高到百分之三十。漢堡連鎖店 Blimpie 就是氣不過他們在午餐的外食市場上輸給了 SUBWAY 潛艇堡餐廳。

我在隔天進辦公室的時候說：「這個叫賈德的人實在是一鳴驚人。現在每個人都認為 SUBWAY 潛艇堡餐廳是個很健康的地方，因為你吃了不會變胖。我們一定要針對這個賈德來做點文章。我們要寫個腳本來嘲弄他，這也許不是最後的版本，但是一定能夠得到漢堡連鎖店 Blimpie 的注意。」然後我寫了一個腳本，內容是敘述賈德減重是因為每次他看到 SUBWAY 潛艇堡餐廳的三明治時就開始大吐。

但是連我在寫台詞得時候也覺得想吐，所以我叫其他人進來我的辦公室看看我寫的腳本，我對他們說：「我想我們不能合法的在廣告裡用賈德這個故事，但是也許在這個廣告裡有什麼瘦身的想法是我們可以用的，因為他們的食物看起來就不是很吸引人的樣子。」

我們團隊裡的文案安迪跟另一位藝術指導惠特尼於是就到另外一間會議室裡去仔細討論一些想法。過程中安迪模仿賈德自鳴得意的聲音說：「我很瘦是因為我在節食……等等！我想到了！我這麼瘦是因為我不吃東西，我什麼都不吃！」惠特尼笑著說：「你跟欄杆一樣瘦……你跟郵筒一樣瘦……你跟……啊！……我想到了！」他很興奮的衝出房間，到清潔室拿了根拖把回來。他躲在會議室的門後，把拖把伸出來，而且搖晃著拖把的尾巴，看起來就像是一撮金髮一樣，然後開始喊說：「嗨！嗨！看著我！我好瘦哦！」然後惠特尼跳進門說：「你知道我為什麼這樣瘦嗎？我正在使用 SUBWAY 潛艇堡餐廳的減肥法。我到那邊去吃午餐，但是那裡的食物實在是糟到讓我吃不下，所以我就瘦了。」

所以順著這個想法，最後我們完成了漢堡連鎖店 Blimpie 的拖把廣告：

有位男士走在街上看到了一枝上下顛倒而且很快樂的拖把小姐朝他跳過來，她繩狀的頭髮迎風搖曳著。

男士說：「依蓮？……你看起來未免也太瘦了吧！」

拖把說：「嗯……你知道有個男生因為吃了潛艇堡而減肥的廣告嗎？」

男士說：「知道啊。」

拖把說：「嗯……我也正在嘗試同樣的方法！」

男士說：「但是他們都是用事先切好的熟肉啊。你怎麼能夠吃那樣的東西呢？」

拖把說：「我沒吃啊！這就是我為什麼這麼瘦的原因了！……（小聲的說）我可以問你一個問題嗎？我看起來會很胖嗎？」

漢堡連鎖店**Blimpie**的客戶在看到這個廣告時，幾乎笑到快從椅子上跌下來了，最後這個廣告也為我們贏得了一千五百萬美元廣告額度的生意。兩個月之後，這個廣告在週末夜現場（**Saturday Night Live**）、歡樂一家親（**Frasier**）、紐約重案組（**NYPD Blue**）等節目的廣告時間中播出，而且馬上就得到華爾街時報的專題報導。

這個廣告的發想其實就是「蝴蝶效應」的最好例子。我帶小孩出去，聽到關於賈德的笑話，然後我回到辦公室跟同事說我們得取笑這個人。惠特尼跟安迪接下了這個任務，在走到會議室的途中經過了清潔室……然後一個很棒的想法就誕生了。正如《策略性思考與新科學》的作家桑德斯所說的：「消費者行為其實是很複雜的一種系統，而這種非線性思考的方式也是唯一能夠創造機會，創造那種能夠改變行為或情感而真正抓住人們注意力的行銷手法。」

為了要讓人們能夠在不可能的地方看到創意，你需要鼓勵他們對每個機會都抱持著遊戲的態度。當你走在街上的時候，你必須告訴自己說：「我怎樣把這個跟我正在做的結合在一起？」這也是很多一鳴驚人的創意來源。

這也正是我當初想出在公共電視播出的一系列小孩廣告的概念來源。我的兒子麥可是個西洋棋天才，也是貝瑞・柏格（**Berry Berg**）所寫的《培養西洋棋冠軍》（*The Making of a Chess Champion*）一書中的主角。這本放在許多小學圖書館裡的書，儘管有點深，但還是鼓勵了全國許多的小孩去玩西洋棋。當我知道這本書多有影響力之後，我向公共電視台提了一個叫做「令人驚異的小孩」（**Amazing Kids**）的節目企劃案構想，而整個概念就是報導在不同領域，像是溜冰或是戲劇等有傑出表現的小天才。在我的想像這是一個完全互動性的節目，那些小孩可以現場在線上聊天或是諮詢，這是一個讚揚所有的小孩最終都有能力去完成心中夢想的節目。公共電視台非常喜歡這個想法，希望讓全國的父母跟小朋友都能收看這個節目。而這個一鳴驚人的想法，只是在某一天我看到了關於我兒子的一本書所引發的。

另外一個不經意的連結，卻產生了全美最廣為人知的產品——康寶湯罐。在一八九八年，康寶公司的高階主管之一賀伯頓・威廉斯（**Herberton Williams**），觀看了一場由長春藤聯盟康乃爾大學對抗賓州大學的橄欖球賽。他被穿紅白制服的康乃爾大學隊所打的這場精采的球賽啟發，威廉斯當場坐在露天看台時就想到了一個靈感。假如康寶公司把這種對比鮮明的顏色組合，應用在商標設計上會有什麼效果呢？他要求公司的人開始做這樣的轉變，剩下的就是我們所熟知的歷史了。

在我早期的那些一鳴驚人的創意之一就是經由類似的方式產生的，那是在某個晚上我跟一些朋友在吃簡餐時發生的事情。

■會跑的三明治

在一九八〇年代早期，當我還在智威湯遜廣告公司當文案的時候，有次我被要求一起幫忙為深受美國人喜愛的 **French's** 芥末醬來想廣告點子。芥末醬對任何人來說都不是個麻辣的話題，所以我一直在為想不出好點子而苦惱著。有天晚上我跟一個朋友勞里一起吃飯，她是個很有才華的文案，現在負責 **KTG** 集團的客戶之一——可麗柔面紙的全球創意指導的工作。當我把芥茉醬加在我的燻牛肉三明治上頭時，我突然對她說：「假如我不是把 **French's** 芥末醬加在這個三明治上，而是加了其他牌子的芥末醬，結果三明治就氣瘋了，然後開始逃跑，這樣會不會很奇怪呢？」勞里看著我很直接了當的說：「這太可笑了吧！」然後我們就繼續八卦其他的一些事情，但是這個想法卻開始在我心中發酵。

隔天早上我碰到當時的上司詹姆士•帕特森（**James Patterson**），現在則是知名的小說家，我就告訴他我的想法。要提醒你的是這種會說話的食物在當時是還沒有人想出來的創意。他馬上就看到了這個想法的爆發力，因為實在是很無厘頭的想法，他想搞不好會吸引大家的注意力。當我知道客戶很喜歡這個點子而且馬上就接受時，心裡非常的興奮，而最後的廣告內容就如以下所敘述的一樣。

廣告開始的時候看起來就跟典型的、很無趣的食品廣告一樣，有一個烤牛肉三明治正等著要加芥末醬。鏡頭裡伸出一把舀滿普通芥末醬的刀子朝著三明治過去，突然之間三明治發出恐怖的叫聲整個往後縮了回去，同樣的事情也發生在可頌麵包及皮塔餅三明治的身上，這時傳來一陣聲音勸告大家說：「如果你不幫你的三明治加 French's 的芥末醬的話，它可能會不太高興！」然後三明治們開始跑離那把刀子，因為它一直滴著別種芥末醬。在廣告的最後，所有的三明治們都開始鼓掌叫好，因為一把厚厚地塗著 French's 芥末醬刀子終於出現了，就在這時候，一句由曼寧・魯賓（Manning Rubin）所寫的標語出現了——「要好好對待你的食物」。

這個廣告在各地造成極大的風潮，也為我們贏得了兩座克里歐廣告獎（這等於是廣告界的奧斯卡獎）及一座艾非（Effie）實效廣告獎（這等於是行銷界的奧斯卡獎）。前 French's 的客戶總監馬丁回憶說：「雖然以當時競爭激烈的市場來說，我們可能要多花十倍的預算才有效果，但是這個廣告有那種突破重圍得到大家肯定的能力。雖然我們只有兩、三百萬美元的預算，但是它真的是很具創意及衝擊性的廣告。」

千萬別陷入傳統那種篩選想法的方式裡。假如你的心總是保持對任何機會開放的彈性的話，你就更有可能會想出具爆發力的點子，這是我一再從經驗裡得到證明的事。當我還在 **Wells, Rich, Greene** 廣告公司時，有次我走進我們文案史帝夫的辦公室去看看他怎樣幫海尼根（**Heineken**）啤酒做一個案子。我看到他的桌上有張畫有海尼根紅色星型標誌的草圖，而在那星星的下頭寫了一行字：「簡短有力的標題在這裡」。然後在草圖的底部寫了另外一些字：「商標在這裡。」我說：「這太酷了！用這個來做廣告的創意真的很棒！」史帝夫回答說：「嗯……事實上，這不是廣告，這只是給藝術指導的說明罷了。」我說：「我們就用這個吧！」史帝夫回應說：「你是說這個嗎？就用這個草圖嗎？你一定是在開玩笑吧！」我很興奮的說：「為什麼不行！它很有趣啊，所以一定會抓住大家的注意力。這是完全勁爆的想法，因為他打破了每一條做廣告的規則。這是大家意想不到的。」事實證明海尼根非常喜歡這個廣告。

即興是另外一種從不可能的地方發掘創意的方法。很久以前當我還是紐約市喜劇團的五人小組之一時，我們就開始用即興的方式來進行創作了。這個經驗是我到現在仍然受用無窮的一堂課——「即興是偉大創意的來源」，而研究職場裡創意的英國學者齊恩博士也證實了這一點。她主張「破除典範」是需要有那種「將新元素帶進問題裡」的能力，而且還要能夠「打破刻板印象，完全粉碎問題的邊界」。她還強調這種過程常常需要使用到「非相關的刺激及強迫式的連結」，而這也正是即興的重要元素。

藝術指導保羅・查克曼曾表示：「即興是創意的敲門磚。」他說道：「我們所受到的很多訓練都是跟平常人的直覺相反的，大家總是想說出正確的答案。如果你要求他們想一種顏色，他們就陷入困境了。為什麼會這樣呢？因為他們想要答對問題。他們會在心中想著：『如果我說黑色的話，別人可能會認為我很沮喪。如果我說粉紅色的話，別人可能會認為我是同性戀。』即興創作者要的是那個立即出現的答案，而不是先考慮對或錯。身為即興創作者，我們會說：『忘記那些東西，忘記那些刻板印象。』你必須學著不要去編輯自己的思緒，讓你自己待在發生的剎那，即興創作本身是一種媒介，讓你隨時準備好去接觸那些在表面之下仍未被過濾的東西。就只是讓你自己去做直覺性的連結，而那也是過程中最令人享受的部分。」

直覺性的連結也可以產生那些很棒的點子來。以腦力激盪聞名的希尼提克斯（**Synectics**）公司會要求客戶先不去想手邊的問題（例如一種行銷塑膠袋的新方法），而去想想其他的東西（例如百葉窗）。然後他們會要求客戶把兩種不同的產品結合在一起去創造新的東西（例如海豹皮草袋）。「魔鬼粘」（**Velcro**）當初就是經由這種方式發明。有一個瑞士工程師從野外散步回來，突然發現夾克上沾滿了芒刺，而這個事件也觸動了他的靈感，認為大自然可能早就發明了一種更好的拉鍊。而他的直覺也導致了一九五二年一家名為維可牢（**Velcro** 是法文的 **velour**，意思就是柔軟的，跟 **crochet** 意思就是吊鉤這兩個字結合而來的）的公司誕生。

鼓勵插話

在某些公司裡，如果你走入正在進行中的會議時，很可能被認為是犯了天大的罪。大家會期待你在外面耐心的等待或者是留言說等有空再做聯絡，但是我們很歡迎那些冒失鬼隨時插入對話。通常如果一個人對問題完全是狀況外的話，反而能帶來一些全新的解答或是一個奇怪的觀點。把門打開或者是裝玻璃牆，來讓大家不會覺得說不好意思進來打斷正在進行的對話。

然而在商場上去鼓勵一個人毫不考慮的說出心裡的想法是一種違反常理的概念。這對很多企業的執行長來說是件很不容易的事情。查克曼曾寫道：「即興創作最大的阻礙就是無法全然傾聽。」通常當某個人在跟我們說話的時候，我們只花了一半的注意力在談話上，而另外一半的注意力已經花在問題的回應上了。這時我們並沒有在傾聽。從你開始觀察其他的人或是在想你下句話該說什麼的那一刻起，你就已經把注意力移轉開了，也同時中斷了對話的流動。在做所謂的即興創作時，你必須要訓練自己在傾聽或是回應的時候，沒有預先計畫好的想法在裡頭。查克曼表示：「在做腦力激盪時，假如某人想出一個在你的接受範圍之外的事情，你會幾乎沒有辦法等到他們把話講完然後才乖乖的輪到你發言。」他的建議是：只要寫下你的想法，讓你自己能夠「忘了自己的想法，然後去傾聽別人怎麼說，因為你隨時都可以再回頭去看自己的想法。」這也就是很多的即興創作者會花很多時間在那種「沒錯，還有呢？」的問題上。查克曼說：「我真的滿鼓勵大家把不管是好的或不好的點子通通丟出來。這聽起來很容易，但事實上我們都有太多的自我存在了。而那種大躍進往往只發生在你能夠放開自我，跳進別人的點子時。」

離我遠一點

在行銷的世界裡到處都充滿了尚未孵化完成的點子、還沒研發的產品、等待被發現的答案。所以很自然的，我們會花大量的時間在幾近痛苦的研究過程上，焦急的等待創意之神把我們的想法孵化成價值不匪，而且能一鳴驚人的創見。但是當你的專注跟策略思考都只讓你不斷被吸入平庸的黑洞裡，這時候你必須採取最違反你直覺的行動——什麼事都不做。

什麼？你可能會大聲尖叫說你怎麼可能什麼事都不做！「什麼都不做」就是我現在應該採行的嗎？明天我在對客戶提案時所要提出的是「什麼都沒有」嗎？如果我沒有想出任何點子的話，「什麼都沒有」能為我們帶來多少的進帳呢？但是換個角度來說，如果你的腦袋裡裝的都是那些恐懼、憂懼，最後的期限還有無數的壞點子的話，怎麼還有空間去容納很棒的創意呢。

在我們 KTG 集團早期所做的眾多事情之一就是，當我們遇到思考上的障礙時，我們就會試著遠離它，不管是走去別人的辦公室、回家，甚至只是散個步都好。過一陣子我們就會發現創意會再次毫無困難地開始浮現，就像是紐約商業新理學家歐娜・羅賓森博士所說的：「把你自己從緊密的包圍中釋放出來，能為大腦帶來清新創意的喘息空間。新的環境能夠放鬆神經，就好像是換個姿勢從坐在椅子上變成是坐在地板上一樣。它能夠觸發心靈，從一種向內專注的狀態轉換成向外放鬆，讓那些灰色地帶有重新轉變的可能。」

假如有時間的話，你可以睡一下。有很多偉大的創意都是從深沉睡眠中產生的，當我們的潛意識開始發揮功能的時候，我們的創意也會源源不絕的從潛意識裡湧現，隨時等待你的擷取將它轉成驚人的點子。（當然重點是你必須要能記得你到底夢到了什麼東西，所以有個小技巧就是在枕頭旁放著紙筆以備不時之需。）當巴哈在提到音樂的靈感時曾經提到過：「問題不是出在於如何找到靈感，而是當你早上醒來要下床的時候，要注意不要踩到那些靈感了。」

鼓勵失敗

在人們通往創意的路途上，會遭遇到最大的阻礙之一就是對失敗的恐懼。因為他們就是不想要冒險，正如進化心理學家凱普蘭所說的：「遠離危險是我們的天性。原始人並不會因為冒了更大的風險而得到更多的回饋，因為他們不會比那些保守的人存活的更久。」這聽起來很有道理，比如說當初在二號洞穴裡受命去攻擊長毛象心臟的第一個人，很可能在當天的晚上就沒有辦法跟大家一起享用象肉大餐了。很幸運的是在現代的法治社會裡，你並不會因為提出了一個壞點子而被砍頭（除非你是當年可口可樂的經典失敗之作"**New Coke**"的發明人），儘管如此那種對危險的恐懼仍然深植人心。

一隻會說話的鴨子、把高潮的情景放到黃金時段、令人忌妒的百樂筆。這些都是很滑稽的念頭，很可能在剛提出的那個時候就被否決掉了。但是我們對每一個想法都是很認真的在看待，不管它到底有多愚蠢。每一個人都必須認知到即使想出一些很奇怪、非傳統甚至很爛的點子也是沒有關係的。如同管理顧問桑德斯所說的：「創意來自於想像力。那些有創意的人是很直覺性的動物，他們用一種很奇特的方式在看待所有的連結、關係，與潛藏的模式，連他們自己也沒辦法解釋到底發生了什麼事情。」讓我們回到所謂「沒錯，還有呢？」的理論，它的前提假設了沒有人是錯的，但這也只是通往創意的開端罷了。正如詹姆士・喬伊斯（James Joyce）所言：「錯誤是邁向偉大發現的入口。」

創意與安全是無關的，而且可以說是背道而馳，例如貝多芬的一些偉大的作品是違背了他那個時代的傳統。這位偉大的作曲家在晚年寫下弦樂四重奏時，已經是完全聽不到了，但是還是能夠寫出無比複雜精緻的樂曲，打破了十九世紀的傳統，足足向前跳躍了有五十年到一百年的時間。但是在貝多芬的時代裡，很少有人會聽那些他所寫的樂曲。有時候某段四重奏樂曲結束的曲式，連他都覺得太不正統到必須換成符合十九世紀聽眾喜好的結尾。而原本的終曲，也就是現在所熟知的大賦格曲（Grosse Fuge）也成為他最大膽的曲子。事實上在當時有人向貝多芬抱怨說沒有人喜歡他的大賦格曲時，他反駁說：「將來有一天他們會喜歡的。」

如果你希望你的員工能夠有勇氣想出那些具爆發力的點子，你就必須創造一個讓他們在裡頭覺得冒險是很安全，甚至是受到鼓勵的環境。在最近一期的《組織研究》（*Organization Studies*）期刊裡，學者的研究報告指出：「在那些成功，而且極度創新的公司裡，錯誤會被當成是整個組織學習的機會……冒險所導致的失敗也是會得到獎賞的……而且經理人也都能夠接受，或是鼓勵大家去打破常規。」這其中的關鍵就是要鼓勵你自己去面對那些差勁的念頭，然後也獎勵對那些想採取所謂不尋常的，甚至有些不智的行為的人。進化心理學家凱普蘭說：「即使是因為堅持創意而失敗，你仍然必須面對所發生的事情。你必須把失敗變成是一件很安全的事情，而這也是你怎樣讓大家跨出框框的方法。」千萬別懲罰或批評那些差勁的想法，而是在最後採取決定之前，讓它們也能以眾多的可能性之一存在著。那些差勁的想法很有可能會觸發一連串導向創意的連鎖反應。

要能擁抱一鳴驚人所帶來的混亂是需要練習的，但是就像是一個劇團一樣，經由讓自己在最具創意的自我裡與他人相互合作，團員的表現也會越來越好。**他們所必須做的就是，不斷的跟消費者意識的心靈——也就是他們的心——做啟發式的接觸。**

第5章

停止思考

在KTG集團裡，直覺一直是我們的秘密武器。我們在經過多年的體驗之後發現，那些最棒的點子其實都是來自於一股原始的創意衝動。

為什麼那些賺人熱淚的影片總是在電影院裡頭播映，而正經八百的記錄片只能在公共電視台上映呢？這其中的秘密早就人盡皆知了，就像是無數談論廣告的書籍中所透露的訊息一樣，感人的故事總是賣相比較好。透過情感的訴求能簡化所要傳達的訊息，讓它能夠跨越不同的階級、性別，或是文化的藩籬。但是為什麼還是有這麼多的行銷人跟廣告團隊沒有辦法想出動人心弦的創意呢？

他們想太多了！沒錯，這就是根本的原因。幾乎我們所知道的每一家廣告公司都有自己所謂「如何更有洞見」的方法。一次又一次的我們總是會聽到一些精心設計的步驟，而這些步驟常常運用所謂的獨門方法，來挖掘消費者心中最深處的想法，然後將關於消費者內在最真實的部分顯現出來。而這些所謂的正式流程，經常或是應該說幾乎忽略了直覺的重要性。因為一個公式就定義上來說就是，在每個產品或是環境裡運用一些相似的法則，但是它也同時忽略了那個能通往偉大洞見的工具，也就是直覺。

最近有一項研究顯示，我們的直覺比多數的公司所願意承認的更精明也更值得信賴。現在從哈佛大學到美國海軍陸戰隊都在積極的贊助以潛意識的力量為主題的研究計畫。紐約大學的神經科學家約瑟夫•李竇（Joseph LeDoux）在他的著作《腦中有情》（*The Emotional Brain*）中寫到：「很多情感都是智慧演進後所產生的結晶，而這些結晶可能比所有人類心靈加起來的智慧還要多。」維吉尼亞大學的心理學教授威爾森所主持的研究發現，那些憑直覺來選擇家裡客廳牆上應該掛什麼海報的人，會比那些刻意決定的人還來得快樂的多。而專欄作家夏倫・貝格利（**Sharon Begley**）也在華爾街日報裡說明了這項發現：「有越來越多的人都同意潛意識其實是很精明的，它有著認知的能力來對抗，甚至是壓制我們的思考意識。」畢卡索宣稱他的繪畫天才是來自於他那直覺的自我上，他說：「繪畫自身的意識其實強過我的自我意識，它總是帶領著我前進。」

學者蓋瑞・克萊恩（**Gary Klein**）在《直覺，為決策之本——直覺型決策者訓練計畫》（*Intuition at work: why developing your gut instincts will make you better at what you do*）書中表示，直覺本身是很精明的，因為它們不是偶然的，而是反映了你的經驗。對克萊恩來說，我們的直覺是根據對模式的認知，以及經驗裡那些我們無法清晰明白，但卻能連結我們內在本能的細微線索而運行。他運用電腦把意識跟潛意識做了一番比較。克萊恩表示：「我們有意識的頭腦就像是電腦螢幕一樣，能在任何一點上同時處理五到九群不同的訊息，而潛意識則是像電腦的硬碟一樣能夠同時處理無數的訊息。而且理論上來說，只要你按了正確的按鈕，就能夠找到所儲存的資訊。」

很多傳奇性的廣告宣傳都是因為最後的決策者選擇相信自己的直覺而產生的。就像我們的母公司陽獅集團的總裁兼執行長莫里斯・李維（**Maurice Levy**）所說的：「如果策略是經由頭腦而來的話，那麼點子就是從本能裡出現的。」當萬事達信用卡（**MasterCard**）剛開始他們的「無價」（**Priceless**）篇廣告的時候，廣告本身的消費者評價指數是低於在《今日美國》（*USA Today*）報紙所做的廣告追蹤（**Ad Track**）裡的平均值。但是萬事達信用卡的行銷經理賴瑞・佛納甘（Larry Flanagan）並沒有理會這項研究報告，而堅持繼續放映這個廣告。他本能的反應告訴他，這個廣告所要傳達的是錢所沒有辦法買到的價值核心，而他深信這種價值能夠說服消費者相信它的重要性，事實證明佛納甘的直覺是對的。最後這個廣告受到大家的注意，而整個內容也大受歡迎，讓萬事達信用卡能夠拉小與市場領導者威士（Visa）信用卡之間的差距。

富豪（Volvo）汽車在廣告手法上所做的改變，是另一個直覺的智慧所呈現的好例子。包柏・施密特（Bob Schmetterer），現在是靈智廣告公司（Euro RSCG Worldwide）的執行長，八〇年代早期則是在斯卡利・麥長基・史洛斯（Scali, McCabe, Sloves）三劍客廣告公司裡負責富豪汽車的案子。在那個時候富豪汽車被定位成「高品質、堅固耐用」的車子，但是施密特在做了一些探索性的研究後心中有一股直覺，那就是「安全性」也許才是富豪汽車應該用來吸引潛在客戶的最好訴求。他說：「我們發現一個潛在的事實。多數的富豪汽車都是由男性所購買，但卻都是由女性在駕駛。我們認為女性其實會對安全性更有興趣，尤其是當車上有小孩的時候。」

然而當時的一般認知是大家並不會因為安全的理由而去購買車子。相反的，他們會根據性的訴求、權力，或是耐用性來選擇是否要購買車子。施密特回憶說：「福特汽車在六〇年代就曾經藉由強調安全帶的重要，以安全性的訴求來做行銷的主軸，但是結果卻是個大災難。當時一般的認知是，人們會買車子是因為車子看起來很酷，很符合自我的個性，或者是因為價格負擔的起。」結果富豪汽車的人一開始對施密特所提出的安全性訴求的反應很冷淡。

施密特回憶說：「儘管如此，我還是很用力的在推銷我的想法。我對他們說富豪汽車在消費者心裡的形象已經被定位成堅固耐用了，而且這已經成為多數人心中的認知。但是安全性的訴求是更廣的，因為這是一台堅固耐用的車子最終所能提供的根本好處。」

富豪汽車的人開始採用這種策略，到了九〇年代的早期，施密特提出了一連串以那些曾經因為駕駛的是富豪汽車，而保住性命的人來做見證的廣告構想。原本的標語是「小心開車」（**Drive safely**），也就是一般我們在朋友或親戚要開車回家時會說的最後一句話。

富豪汽車的人最後終於同意讓這個廣告上檔，影星唐納・蘇德蘭（**Donald Sutherland**）也簽約成為廣告的幕後配音。而這個廣告也超越了富豪汽車的夢想，很快的它就成為開車上路的好選擇。施密特回憶說：「結果對富豪汽車的銷售是大有幫助，他們現在擁有的形象定位可以說已經成為全世界最安全的汽車了。」

在那個冷酷、堅硬的事實正主宰著世界的時期裡，許多資深的管理者及行銷人員都不願意放手相信他們自己的直覺。有好的直覺通常所意味的就是會帶來太多雜亂的情緒，而這也是在今天的社會中那些理性的商人所厭惡的事。歐娜・羅賓森博士表示：「當我進入商業領域時，我看到的是員工們有多懼怕他們的情感。當我在一個公司裡工作的時候，我必須改變整個對話的風格，很多人對於在工作場合展現他們的情感會感到非常的無助。」

在KTG集團裡，直覺一直是我們的秘密武器。我們在經過多年的體驗之後發現，**那些最棒的點子其實都是來自於一股原始的創意衝動**。當然我們從來不否認說研究或者是左腦思考也是引發一鳴驚人的創意的重要因素，而且它們的確是，但是其中的差異就在於我們把直覺放在第一順位。在創意的過程中，我們都會鼓勵在KTG集團裡工作的夥伴去傾聽他們內在的聲音，來觸發一些很好的點子。也只有在那之後我們才會開始用到理性的心智來檢視、評估想法的優缺點。就像是十九世紀的數學家亨利・龐加勒（Henri Poincare）所說的：「我們可以用邏輯來證明，但是我們只能用直覺來發現。」

我們要如何來利用直覺的力量，來產生那些能一鳴驚人的行銷點子呢？以下是我們常用的一些技巧。

開始正視你女性的那一面

我們KTG集團能夠這麼成功的抓住消費者的心理，也許是因為我們是一家由女性所經營的公司。我們辦公室裡的雌性激素已經多到了可以讓影星阿諾史瓦辛格也產生卵細胞。也許是因為這樣，所以我們在面臨重大決定時並不會害怕去遵循自己的直覺。我們相信女性的直覺已經不是個秘密了。《為什麼男人不聽女人不看地圖》（*Why Men Don't Listen and Woman Can't Read Maps*）的作者芭芭拉・皮斯（Barbara Pease）與艾倫・皮斯（Allan Pease）宣稱：「女人的直覺從一九八〇年代起就接受科學化的實驗與測試，而大部分的結論也都證明了女人在各種知覺感官上的優勢。」心理學家大衛・邁爾斯（David G. Myers）在《直覺：它的力量與危險》（*Intuition: Its Powers and Perils*）裡也同意這個觀點，他主張「性別直覺隔閡」的存在，而且表示：「女人通常在解讀情感訊息的時候強過男人許多。」他摘錄的研究報告也顯示，雖然男孩子在美國大學入學測驗SAT的數學成績上比女孩子平均高出了四十五分，但是女孩子在解讀面部表情時遠超過男孩子。

找到屬於你的道具

讓每個人都可以依靠著幫助他們思考的任何特殊事物。當我在寫感性的文案時，我一定要聽用排笛所吹奏的愛爾蘭民謠；而我的一位同事一定要有個毛絨絨的玩具可以在手邊壓著，他才肯工作。不管它看起來有多麼的不專業，如果你讓大家可以環繞在那些令他們感到舒服的道具旁的話，他們的創意就會源源不絕湧現。

女人也許已經把直覺的力量發展成一種更好的防衛機制了，時間把他們磨練成弱勢的性別：假如我不能打敗你的話，我就要想辦法讓你來達到我想要的。或許那是來自於母性的本能，就像是很快能夠知道小孩子要的是什麼以便他們能存活下去（**或者能夠不讓小孩子在凌晨兩點的時候大哭**）。正如皮斯夫婦所說的：「身為孩子的養育者及巢穴的防衛者，女人必需要有能力去感受他人細微的情緒及態度上的變化。而我們所謂的『女人的直覺』，常常也就是指女人那種能夠注意到其他人在表情或行為上小細節的精確能力。」而這種對競爭優勢的追尋並非只是發生在人類的身上。研究非洲大象的學者在觀察一對雙胞胎雌、雄小象的時候，就有令人吃驚的發現。當牠們要一起吃奶的時候，雄象就會把雌象給擠開。結果就是雌象很快就學會當雄象在睡覺、玩耍、或是在忙的時候，就趕快換牠吃奶。換句話說，為了生存雌象就必須變得更聰明點。

別再想到生意了

我們在這個國家裡的商業學校所學到關於決策過程的傳統模式，就是奠基在分析跟邏輯上，而經理人也會根據手邊所知的標準來針對某個特定議題的選項做評估。這聽起來非常的科學也很令人放心。就像研究直覺的學者大衛•克萊恩（David Klein）所說：「有誰不想要非常精確、很有系統、很理性也很科學的呢？」

他繼續說到：「但是唯一的問題是這整件事情本身就是一個謎……它在現實的世界中運

作得並不好，因為在現實世界裡決定是更具挑戰性、情況是更混亂和複雜、資訊是更稀少或不完整的，而時間更短賭注更高。在這樣的環境當中，那種對於決策過程的傳統分析模式就不再適用了。」

忘了整個森林吧

一個新的專案可能看起來是很令人無法抵抗的。一堆事實、圖表跟花費心神的辯論都可能會讓你為之卻步。參考東方思考哲學，我們寧願一步一腳印，從小的地方開始。我們常常從第一小步開始處理，從一個細節移到下一個細節。而往向前移動的過程中，我們常常會在偶然之間就對整個問題有了解決之道。

知名的品牌顧問公司 **Interbrand** 的總監蘭迪・多爾曼（**Randi Dorman**）也同意克萊恩的看法。如果跟固麗齒（**Crest**）這種專注於口腔清潔的品牌合作的話，他們就需要仰賴包裝才能在超市的走道上吸引消費者的注意。但是多爾曼會鼓勵她的客戶多想想「陳列的吸引力」（**shelf interest**）而不是「陳列的衝擊力」（**shelf impact**）。當傳統的包裝設計師都還是採用大型的圖案跟八股的「改良新品種」手法時，多爾曼會堅持這樣還不夠。她表示：「假如你去超級市場的話，會看到那裡有許多的走道，而每個走道又有許多的產品，你會覺得東西多到讓你眼花撩亂。而這種看起來像是鮮艷壁紙的感覺就是刻意塑造出來想讓你有那種抓了就走的心態。他們知道喜歡什麼產品，所以會儘快抓了就想離開現場。」

多爾曼繼續說道：「如果只有在陳列上更鮮豔、更有衝擊力的話，這樣還是不夠的。你必須做些更能引起興趣的事情。你必須觸及消費者生活中發生的事情以及他們正需要的東西，還有因此帶來的改變。你還要讓他們很容易就可以買得到所需的產品。」

多爾曼引用了康寶濃湯的例子來說明一個製造商並沒有真正注意到消費者的需求，結果造成他們錯失了與消費者建立在情感上以及購買上信賴的機會。她表示：「假如你到了賣湯的那個走道，你就會看到濃縮湯、高湯、即時湯包及湯塊等各式各樣的湯，讓人看了眼花撩亂。由此你就可以知道他們在製造每樣東西的時候，所依據的其實是如何依照產品的功能性來做區別，而不是考慮到如何讓消費者在購買的時候能夠更容易找到他們想要的東西。」

我接下來也有一個很不幸的例子，就是關於這種褈性的思考，最後卻如何讓你誤入歧途的故事。

■很糟的藥

在二〇〇〇年初的時候，我們正跟另外一家廣告公司搶必治妥藥廠的案子。必治妥藥廠在抗癌藥品的製造上居於領先的地位，除此之外我們也聽了他們的總裁彼得・多蘭（Peter Dolan）告訴我們無數次關於環法自行車賽冠軍蘭斯・阿姆斯壯（Lance Armstrong），如何因為服用了他們公司所做的藥，因而戰勝幾乎令他致命的癌症的故事。

有一天當我們在為這個案子做腦力激盪的時候，我們負責可麗柔面紙的創意總監蘿瑞・卡尼爾（Laurie Garnier）進到我的辦公室告訴我說：「不好意思，我知道我並不是負責這個案子，但是我想要告訴你蘭斯・阿姆斯壯真是個了不起的人。他能夠活下來都是因為這個藥，所以你真的因該幫他的故事做個廣告。」接著她告訴我關於蘭斯・阿姆斯壯他奮戰的故事以及他太太最近剛生了個兒子。

當時我打了個寒顫，那也是我潛意識裡對那種能一鳴驚人的創意的反應。不過我馬上就開始陷入思考，我說：「沒錯，這是個很令人感動的故事。但是我不確定這樣做好不好，因為故事主角太引人注意了，幾乎每個人都會用這個故事。」

蘿瑞聽完之後離開我的辦公室，堅定的拿了個腳本回來。她告訴我說：「琳達，這個人得了幾乎讓他喪命的癌症，他根本就不應該還活著的，但是他現在還有了兒子……」

我坐下來然後考慮是否我們應該用阿姆斯壯來做代言人。最後我列出了一張表，上頭有著很理性也很明智的原因來說明為什麼用阿姆斯壯是行不通的。其中一條就是他已經在另一個廣告裡出現過了，所以消費者很可能沒有辦法清楚的把他跟必治妥藥廠做連結。而且像見證這樣的題材已經做過太多次了，他們公司可能也想要有些不同的東西出現。還有我心裡想著，如果阿姆斯壯在下次的環法自行車賽輸掉的話，那該怎麼辦？不管怎麼樣，這個訴求也太狹窄了些。必治妥藥廠不是只有生產抗癌藥品而已，他們也做嬰兒產品、止痛藥以及其他許多的特效藥，所以我們想要做的是一個涵蓋範圍更廣的企業廣告。

但是很令人尷尬的結果是，我們輸給了另一家廣告公司沒有拿到案子。你猜猜看他們廣告的特色是什麼呢？那就是蘭斯・阿姆斯壯，那個因為服用了必治妥藥廠的抗癌藥才能活到今天，也才能開心的抱著他可愛小男孩的人。而整個廣告很感人肺腑也賺人熱淚，尤其是我，因為我對沒能拿到案子感覺很難過。我後來想想我所犯的錯，覺得自己像是白癡一樣。我心裡的直覺告訴我大家都喜歡結局圓滿的故事，即使這個故事他們已經聽過無數次了。但是我並沒有聽從自己的直覺，到最後卻把焦點集中在為什麼我們應該做別的東西的理性分析上，而事實證明這犯了很大的錯誤。

停止傾聽

有時候我們會太專注在對方所說的話，而忘記去瞭解其他的姿勢以及細微的變化。就像芭芭拉・皮斯與艾倫・皮斯在《為什麼男人不聽女人不看地圖》中所說的：「在面對面的溝通裡，非語言的訊息就佔了整個溝通效果的百分之六十到八十，聲音只佔了百分之二十到三十左右，而其他的百分之七到十才是我們所使用的文字。」如果當你問同事她今天過得如何的時候，她回答說是，但她是用咆哮的方式，這時她整個肢體語言所展現出來的可能就是她今天過得有多糟了。語言能夠隱藏或是模糊你所要表達的，但是也能夠用來釐清跟詳細闡述你所說的話。**我們在商業領域裡使用語言的時候，常常必須要依照所聽到的表面意涵來快速的做出回應，但是我們卻經常忘了真正的溝通都發生在非語言的部分。**

情緒有氧

如果你要大家能夠進入消費者的潛意識裡頭的話，你必須幫助他們先進入自己的感覺裡。我們曾試過一些蠻有用的方式。我會在創意會議裡用笑話開場。幽默能夠移除大家的壓力，還能集中所有人的注意力。笑聲則能夠讓人解除武裝，放鬆心情。它能夠刺激我們的腦邊緣系統，也就是在大腦裡負責掌管情緒的那個部分。有時候在開會時我會用一個很感人的事情做為開場，通常是我早上在報紙所看到的故事。而從整個團體所激發出來的情緒也有著類似的作用，能夠讓大家更專心在我們所要進行的事情上。

藉由將注意力放在非語言的線索上，可以發現許多資訊來讓我們更加的瞭解一個客戶、一位執行長，或是部門的領導者真正想要表達的是什麼。我們每個人都有能力與技巧來做這件事情，自從我們住在洞穴裡的老祖先懂得扮鬼臉來嚇退敵人開始，這種能力就變成我們與生俱來的一部分了。最近刊載在《國立科技大學公報》（*Proceedings of the National Academy of Science*）的研究顯示，我們都有那種天生的能力去分辨一個人是否在說謊。心理學家凱普蘭也同意這個發現：「史前人類如果能夠分辨謊言，那他們就比較不會因此而損失了食物、朋友、補給品等等東西，也就有更多存活的機會。而存活下來的人會把這種所擁有的特質再傳給下一代的子孫，也會用這種使用直覺的角度來衡量一個人的優劣。」她總結說：「從這個角度來看的話，我們就有一個很好的理由來相信自己的直覺。」

品牌專家多爾曼回憶她在幫美國市場上的第四大去味劑品牌**Old Spice**的新產品紅色禁區（**Red Zone**）止汗去味劑做設計時的情景：「當時我們並沒有接受來自於除臭劑產業的研究資料，相反的我們決定要看看到底有誰可以成功的打入男性的市場，因為比起在藥局或超市裡女性產品的複雜度，男性商品就顯得比較簡單點。」所以他們決定要研究有哪些產品曾經成功的打進男性的市場。多爾曼表示：「我們看了從汽車電池、釣魚線、燈到襪子等等的很多東西。我們從休閒汽車，鑽石砂輪到機油等產品來研究男性所喜歡的顏色及材質，希望能從其中得到一些靈感。」而最後的造型就是很有男性氣習的圖案，以鮮紅加上銀色為主，而瓶身兩旁也跟瓶底的旋鈕呼應採相同材質。就如同多爾曼說的：「我們用了很多對男性有吸引力的材質，也讓紅色禁區刻意跟它的目標消費群做連結。」

當你在跟別人開會的時候，不管那個人是誰，重要的是你要察覺到什麼是沒有被說出來的事。當然你一定要專心傾聽所有的訊息，但是你也要留意自己內在的聲音。這也是你常常可以發現很多還沒有說出口的內心故事的好時機。

■水龍頭的真相

當我還在 **Wells, Rich, Greene** 廣告公司工作的時候，有一次我們受邀參加海尼根啤酒的廣告競案會議。在我們的簡報會議上，當海尼根的管理階層開始述說關於他們公司的事情時，還拿給我們成堆的宣傳資料跟圖表，希望能對我們整個廣告的企劃有所幫助。當整個介紹還在進行中的時候，海尼根當時的總裁邁克爾・佛列（**Michael Foley**）開始在房間裡走動，滔滔不絕地提到啤酒花、大麥還有那已經有百年歷史的海尼根特殊啤酒酵母。

一直到那個時候我都還沒有喝過一杯啤酒，所以我對他講的內容也沒有什麼興趣，我就開始把注意力轉移到別的地方。我開始只是單純的看他在房間裡繞來繞去。他很高興的把一瓶啤酒高舉在空中，就像是自由女神像一樣，從來沒有把瓶子放下來過。他整個人充滿了情緒，還引用了前總裁弗萊德・海尼根（**Freddie Heineken**）的名言：「我賣的不是啤酒，而是熱情。」在那個當下，我就知道無論他們怎麼說，啤酒只是總裁邁克爾・佛列用來表達海尼根是什麼的最後一種說法而已。

當我回到了辦公室之後，我告訴公司的夥伴說：「他們的總裁不認為他所擁有的只是啤酒而已，他認為他所擁有的是一種流行的文化。他覺得他擁有像柯達（**Kodak**）之於照像史般的貢獻。像這樣的精神就是我們一定要在廣告中所傳達的訊息。」我告訴大家先丟開手邊的案子以便全力集中在海尼根的文案上。我說：「我不要任何有感覺起來像是啤酒的東西。不要那種很典型的美女加運動場面的老套，也不要提到進口啤酒花跟已經過濾的山泉水。」現場的人都開始向我抗議，還提醒我說海尼根也做過一些很好笑的廣告。我反駁說：「其他每一家廣告公司也會想那些很好笑的內容。」

而當時我們的策略計畫師道格拉斯・艾堅（**Douglas Atkin**）就開始他的行動。他花了兩個星期在不同的酒吧裡參觀，想要精確的找出大家對啤酒的感覺是什麼，還有啤酒是如何跟他們的生活緊密結合在一起。他回憶說：「我們甚至還請了一位人類學家執行好幾個以喝黑啤酒的人為主的焦點團體研究。」

他發現：「人們喝酒的時候，會經過一種類似儀式的過程。而當他們用現實生活中所學到的社交偽裝出現後，整個儀式的過程也正式拉開序幕。在你酒酣耳熱後，你的防衛也逐漸消失，然後你開始表現得更接近真實自我的層次，至少對那個喝酒的人而言是這樣的。」對於那些喜歡喝酒的人來說，酒精能夠讓他們卸下焦慮跟偽裝，讓你回到核心的自我：誠實、無保留、謙遜的。它能夠讓你鼓起勇氣用前所未有的誠實來說話或做事。

不僅如此，幾乎所有的人都把海尼根這個品牌和真實、信賴連結在一起，多少都因為它的配方即使歷經百年也未曾改變吧。艾堅表示：「大多數的人都認為美國啤酒是不夠可靠的，因為它們裡頭都添加了太多的東西。但是歐洲啤酒就比較值得信賴，因為它們只有四種成分：水、啤酒花、酵母、大麥。海尼根當然也是其中之一，因為它來自歐洲啤酒的製造中心——北歐。它有原產地、有對的地點也有長久的歷史，這些都讓它更具公信力，也讓它喝起來有種真實的感覺。」

以上這些都讓我們認知到這個廣告所必須傳達的是海尼根代表了一種文化的圖騰及真實的象徵。它就是一個誠信的品牌，本身也只做誠信的事情。這個啤酒是真實的東西，所以最後我們完成了一系列取材自酒吧裡真實對話的廣告宣傳，取名為「真實對話」。這個廣告裡沒有乳溝、沒有運動場面也沒有人物（所以從二十一歲到四十一歲的人都能夠認同），裡頭甚至也沒有提到海尼根啤酒。整個廣告就是由不同酒吧的場景、倒啤酒的特寫、海尼根的商標以及下面這段有趣的對話所組成。

男人的聲音：「你不知道誰寫了《白鯨記》（*Moby Dick*）嗎？」

女人的聲音：「不知道。」

男：「你真的不知道誰寫了《白鯨記》！」

女：「不……知……道。」

男：「就是裡頭有鯨魚的那個故事啊！」

女：「我看過電影。」

男：「可是你沒有讀過原著？」

女：「那又怎樣？」

男：「那又怎樣？那可是有名的《白鯨記》喔！」

女：「你給我聽著！我不知道到底是哪個（嗶嗶聲）寫了《白（嗶嗶聲）鯨記》！可以嗎？」

男：「（停了許久不作聲）可以啊。」

台詞如打字般一個個出現在廣告上：「他們說的話。他們喝的啤酒。都是真的。」

標語出現（時間海尼根的商標閃出在螢幕上）：「自一八八六年起便忠於原味。」

最後的標語出現（《白鯨記》的作者）：「海曼・梅爾維爾（Herman Melville）。」

這個廣告最後讓我們拿到了案子。它並不像是海尼根或是其他的啤酒公司會做的事情。它是很危險的舉動，因為我們只能提一個文案給客戶。如果這個文案失敗了，我們就沒有其他機會了。除此之外，它並沒有提到任何客戶在我們的簡報會議上所要求的訴求，但卻在海尼根總裁的高談闊論間發現了一件可靠的事情。這個廣告直接說出了他心中所相信的，那就是他們的產品不僅只能解渴或是在一整天的辛勞過後讓你放鬆一下而已，它是在這個充滿欺騙及污染的世界裡的一種純淨與誠信的化身。

而這一切的由來都是因為我們有種直覺，讓我們能夠從客戶所給我們的眾多行銷資料裡超脫出來。事實上有很多的廣告公司絕不會讓一個沒有喝過酒，或是行銷啤酒經驗的人進到會議室裡跟佛列一起開會。但是我對整個產業所知不多的這個事實，卻能夠讓我從那些傳統及一般的認知裡跳脫出去。我沒有那些情感的包袱。雖然之後我們很自然的把整個概念在那些愛好啤酒的人身上測試過，但是原本的概念卻是從佛列行為線索上的直覺反應中發展而來的。

別再裝聰明了

很多創意廣告或行銷人員都喜歡展示他們在工作上的聰明才智。「看我有多聰明」，用這種方式好像能夠讓自己的作品更突出，但事實證明這很少是一種明智的舉動。陽獅集團董事長兼總裁莫里斯・李維（**Maurice Levy**）回憶在一九八〇年代早期，法國剛上市的一種叫「綠砂」（**Green Sands**）飲料的廣告宣傳時說到：「我們做了一支由當時最時髦的導演東尼・史考特（**Tony Scott**）所執導的新潮廣告，但是整個成果所能維持的時間就像是在流行時尚界一樣，只維持了短短的一個夏天。」

我們馬上就從流行的尖端消退了。這個作品不是關於我們，而是關於如何去擁抱消費者。事實上，身為一個需要依靠大量的幽默及濫情題材來做文章的廣告公司，我們也得到了相當程度的教訓。但是就像是廣告專欄作家史都華・艾略特（Stuart Elliott）最近在紐約時報上所發表關於我的報導指出：「當我做的廣告總是必須扣人心弦、惹人發笑，而不是接受那種後現代或比酷比炫的作風時，等於是在宣告我毫無歉意的迎接了向後倒退的形象。」

多莉亞・史迪曼（Doria Steedman）在擔任「美國反藥物濫用聯盟」（The Partnership for a Drug-free America）的執行副總時表示，藉由那些很直接但也很引人注目的故事，她的組織已經大大增加了在社會上的能見度。在一九九五年的時候，聯盟推出了一個廣告，試著用圖像的方式來陳述關於吸入劑遭濫用的簡單事實。內容是一個小女孩坐在一間布置得很可愛的房間裡，突然間大水開始湧進房間裡頭。當水逐漸把房間填滿時，她漂到窗邊掙扎著想要逃出去，但最後卻淹死了。這時一個聲音出現開始討論吸入劑：「所以當你認為你只是在使用吸入劑時，你的大腦卻認為它快要淹死了，而且你腦袋的感覺是沒有錯的。」這不是一個試著要耍噱頭或是炫耀小聰明的廣告，相反的，它只把焦點集中在傳遞一個簡單的事實上，那就是使用這種藥品會傷害你的身體。雖然要追蹤這種廣告的效果有點困難，但是史迪曼找出研究結果指出，至少在整個吸入劑的使用量減少上有一部分的原因是歸功於所播出的廣告。

❖裝蠢

創意是經由合作所產生的，所以當你老是有那種心態想當在場最聰明的人時，創意就比較難發生了。試著鼓勵大家把自己理智上的防衛給放下，然後去傾聽別人怎麼說，也只有經由這種方式大家才能開始接受別人的想法。如果有必要的話，裝傻也沒關係。當寶鹼執行長雷富禮在遇到他人提出一些過於複雜的新聞稿或是報告時就會說：「給我一個連小孩都懂的版本。」在每一次你說「我不瞭解」的時候，你等於是強迫別人把他們的想法分解成更簡單與清楚的概念。假如你想出來的創意解答不能讓一個四歲小孩瞭解的話，那麼就表示其他人也很有可能無法理解。把你下一個點子帶回家讓小孩子測試，如果你沒有辦法用簡單的一句話讓他們瞭解的話，那表示你可能要再重頭來過了。

多年以前，當我在智威湯遜廣告公司裡負責柯達這個客戶時，我那種專心注意在直覺上的欲望，最後導致我成功的創造出許多自己早期一鳴驚人的廣告之一。

當時我們有很多人被要求為柯達的一種不用底片的新式磁碟相機來製作廣告。這個新型的磁碟式相機花了柯達工程師們多年的努力才研發完成。有了這種新型的相機你就不用再裝底片也不用每拍完一張照片就要捲動底片，你只需要放入一個小磁片就可以開始拍攝，用完了再把磁片退出來就可以。就像是負片的烤箱一樣，烤完再拿出來就可以了。

但是多數的廣告公司所提出來的點子都是一堆高科技的畫面，加上閃爍的雷射光以及充滿了對那些經常接觸顯像液的工程師們的敬意。這樣的廣告，好像把照相機變得就像是**IBM**深藍電腦，在西洋棋賽裡對抗人腦那樣的令人敬畏。

我的同事們花了很多的時間在跟柯達的人做討論，而他們的注意力也都集中在相關的研究、圖表以及那些相機裡的高科技。我很幸運的並沒有把時間花在鑽研那些研究上。當我一看到柯達的磁碟式相機時，我的直覺反應就是這個產品是完美的傻瓜（**PhD**）相機（**Push here, Dummy**——按這裡，傻瓜），所以它應該要賣給那些媽媽們、小孩子、祖父母們以及任何一個不知道該怎麼照相的人。因此我認為這個磁碟式照相機儘管有複雜的科技，卻是一台使用上非常簡便的照相機。

所以我決定要寫一首很簡單的廣告曲，來說明這種照相機操作很簡便的事實。這首歌曲叫做「我要用柯達的磁碟抓住你」，裡頭描述了小孩子跟父母們快樂地互相用單手輕便的拿著相機拍著對方。柯達公司的人非常喜歡這個創意，也決定用它。雖然說有一些在柯達行銷部的人，對這支廣告中的短歌很感冒也覺得沒有什麼意義，他們認為我們怎麼可以用它來叫賣這個偉大的科學成就，但是結果卻證明這個廣告為相機銷售的佳績助力不少。

別再假裝你的年紀了

有一位廣播脫口秀主持人曾經談到，每一個中年人在一口口的喝著咖啡或茶的同時，內心也有一個八歲小孩正在嘖嘖吃著冰淇淋。我們內心的小孩也是我們每個人最具想像力與最少被探索的地方。同樣地，它也是那些一鳴驚人的創意萌芽孕育的最好地方。它是我們的心靈能夠盡情翱遊、自由自在不受拘束的遊戲間。開放空間方法的原創者哈里遜・歐文（**Harrison Owen**）表示：「在某些遊戲的過程中，我們會在模擬的時間裡（**一個由我們自己所選定的連續時空**），允許大家去做一些在真實的世界裡不是看起來不可能或是意想不到，就是很危險的事情。然後在過程中我們有時候會把所謂模擬跟真實間的界線給暫時移除，就在一剎那間原本好像是不可能、意想不到或是危險的事，都變成了很正常也很真實的，這就是所謂的革新與創意。」

很不幸的是那些對成年人的習慣、傳統或行為合理化的藉口也阻礙了創意的發展。百萬暢銷書《當頭棒喝》（***A Whack on the Side of the Head***）的作者，同時也是商業創意顧問的羅傑・馮・歐克宣稱從我們進入學校的那一刻起就被訓練成要聽從命令，而我們所處的系統也堅持正確答案只有一個，但事實上通常有很多個。他說：「假如你認為只有一個正確答案的話，當你找到一個答案之後你就會停止整個尋找的過程了。」

不過讓你自己回到頑皮嬉戲的那一面，可以幫助你產生許多意想不到的結果。讓我舉一個很好的例子，當《浮華世界》（***Vanity Fair***）雜誌在一九八三年重新發行的時候，它被定位成高尚的文學雜誌，裡頭有許多長篇大論賣弄知識的文章以及嚴肅的文獻，但結果並不受到歡迎。直到雜誌的所有者康狄・納斯特（Conde Nast）採取非常手段，請了來自英國的出版女強人提娜・布朗（Tina Brown）來拯救這本雜誌的命運後，整個雜誌的風格有了巨大的轉變，開始吸引青少年族群。整個雜誌裡充滿了聳動的犯罪故事、每日新秀以及青少年名人的八卦故事。藉由這樣的改變，她也創造了雜誌業界最成功的故事之一。

像這樣一鳴驚人的想法很容易發生在你展露童心的那一刻。麥克馬魯斯集團（McManus Group）的前總裁，而現在擔任「美國反藥物濫用聯盟」（The Partnership for a Drug-free America）總裁的羅伊・鮑斯托克（Roy J. Bostock）之前曾執掌的廣告公司創造了著名的百威啤酒青蛙廣告。鮑斯托克回憶他跟那兩位想出這個點子的人聊天時問他們靈感來源時的情景。他說：「他們知道一定要想出一個能夠讓年齡層在二十一歲到二十八歲的男孩子產生極大共鳴的點子來。過程中他們開始聊到了年輕時代，以及那個時候所喜歡的東西。很快的他們發現，兩個人都想再次體驗當時花很多時間在抓青蛙及玩青蛙的時光，突然間他們明白一定得把青蛙放在百威啤酒的廣告裡。」這個跟童年時期的連結也導致了廣告與年輕人共鳴的最好典範之一，而這個年齡層的男性也是電視廣告最渴望打動的人口分布族群之一。

甜點

在KTG集團的人都會注意到我似乎總是會消遣我們藝術總監惠特尼・皮爾斯貝利（Whitney Pillsbury）所想出來的點子。有一天他向我坦白一個秘密：有次他在我面前要念他的稿子給我聽之前，倒了一碗的巧克力球在我的桌上。他突然發現當我在吃巧克力的時候，我會比較高興而且也會比較喜歡他的作品（他當然也是我所知道最幽默的人之一）。結果我發現不只是我會這樣：巧克力裡頭有超過三百六十種的成分，包括了咖啡因，可可鹼，苯基乙胺等，這些物質都會刺激腦內控制我們專心能力的神經傳遞素。假如你想要讓客戶或是老闆更能接受你一鳴驚人的點子，你最好找個人確定在會議開始的時候大家嘴裡都是甜甜的。

成年人需要放鬆來釋放潛藏在我們的想像力中那些有創意的想法。這我是在一九八一年發現的事情，那時候我才剛進智威湯遜廣告公司寫文案，當時我的辦公空間小的可憐，薪水則是少的可憐。那時我正不眠不休的努力在做我們公司所參加的玩具反斗城廣告競案，也許是因為我從來沒有讓自己心中的那個小孩消失掉，所以才讓我可以創造出個人生涯中最一鳴驚人的點子之一。

■我不想長大

在那個時候玩具反斗城正在找新的廣告代理商。玩具反斗城就如同它的競爭者兒童世界（Child World）（最後因為競爭對手玩具反斗城的創始者查爾斯・雷哲樂斯的精明經營手法而逐漸沒落），及KB玩具公司（K-B Toys）一樣，其實只是裝滿玩具的大倉庫。我們必須承認一個事實就是不管你是在哪裡買的，一個芭比娃娃還是一個芭比娃娃，並不會因為你購買的地點不一樣就有所不同。所以我們知道不管做什麼，都必須要為玩具反斗城創造出一種很親切也很溫暖的形象。我們必須讓消費者感覺到，當他們在玩具反斗城買玩具的時候，他們能帶回家的是更有價值的東西。

我們的團隊以研究的名義出去買了一堆玩具，帶回辦公室開始仔細的端詳。很快的大家就變成在玩玩具，每個人好像都著迷似的對那些玩具愛不釋手。就在那一刻，一個一鳴驚人的想法就像是曲棍球一樣迎面朝我們的頭打來：玩具會讓你感覺又變回小孩一樣。而那種感覺是很好的，真的很好，我們想如果是這樣的話，還有誰想要長大呢？

我們的創意執行詹姆斯以及藝術指導迪娜一起想出了「我不要長大，我是玩具反斗城小孩」的主題。但是我們除了這個主題句之外，還需要真的能讓整個策略上得了檯面的東西。當時我明白我們真正還需要的是一首歌曲。

對我這個業餘作曲家來說，這也正中了我的下懷。我有一個音樂學的碩士學位（我指的音樂學是從排笛開始的音樂史，當然對很多人來說，學這個不知道有什麼好興奮的，但我可是樂在其中呢），也曾經寫過好幾首兒童歌曲及一些非百老匯戲劇（我的意思是水準差得很遠）的音樂。然而那種能夠寫首曲子然後贏得客戶的青睞而在全國性電視網上播放的可能性可以說是微乎其微。事實上我們去了許多的音樂製作中心，而每一家都積極的寫了一些歌曲給我們，想從這個將來會到處播放的廣告裡得到逐漸累積的豐厚放映版權費。甚至連榮獲百老匯「東尼藝術獎」（Tony Award）最佳音樂獎的查爾斯・史卓斯（Charles Strouse）（《安妮》（Annie）及《歡樂青春》（ByeBye, Birdie）的原作曲者），也專門為了我們寫了一首歌曲。當然在那個時候最好的選擇似乎是音樂劇《彼得潘》（Peter Pan）裡頭的暢銷歌曲「我不要長大」（I Won't Grow Up），不過光這首曲子的版權就要花上十萬美元。

最後的結果是，在我們所收到的約十五首初選的曲子裡，沒有一首是可以打動我們的。所以有一天我就用家裡的電子琴開始隨意的彈一些東西，最後我寫出了一首我認為很有兒童歌曲風味，也許能吸引小朋友的短曲。雖然我的老闆並不喜歡它，不過最後還是同意放給客戶聽。結果玩具反斗城的人非常喜歡我的曲子（當然一部分的原因可能是不用花任何的版權費）。除此之外，這首曲子在小朋友身上做測試的時候，大家都豎起大拇指說讚（只要不是那些還在吸大拇指的小朋友都會這麼做）。

歌曲正式在全國電視網上播映後的一個星期，我的老闆對我坦承說他一開始對我寫的曲子的觀感是有誤的。

我問說：「是什麼讓你改變心意的呢？」

他說：「嗯，因為我昨天在機場點咖啡的時候，服務生正在哼著你的曲子。」

兩個禮拜之後，我在街上聽到一個小孩正在唱著我的歌曲。而他的母親大聲的告訴他說如果他還繼續唱著那首愚蠢的歌，他們可能就會趕不上公車了。我聽了之後真的想親那個小孩一下！

二十一年之後，「我不要長大，我是玩具反斗城小孩」仍然是他們在廣播及電視上的廣告主題曲。幾乎全國所有的小孩都會唱這首歌曲（當然他們的爸媽也能琅琅上口）。假如你有機會參觀玩具反斗城在曼哈頓時代廣場的旗艦店的話，你還會聽到十幾種不同的版本在店內各個角落播放，而這首曲子也成為在廣告史上播放最久的曲子之一。

為什麼它會成功呢？嗯，我認為它是首好曲子。但是它同時也描述了我們心靈的狀態，提醒你再當一次小孩子的感覺像是什麼。在舉行創意會議的過程中，如果我們能讓自己內心的小孩出現的話，我們就能夠釋放活在每個人心裡那個六歲小孩的創意。

別裝酷了

行銷的手法如果搞得太花俏而老是想趕時髦的話，常常會是種自殺行為，因為流行往往是來得快去得也快，這表示那些時髦的手法很有可能在下一秒就退流行了。而且裝酷坦白說會造成距離感，如果大家都不知道你要表達的是什麼的話，大概也就會對你所要傳達的訊息視而不見了，結果就會是一個很時髦的但是效果很差的廣告。

讓我來舉一個這樣的例子，你可能就會更清楚些。好幾年前挪威郵輪（Norwegian Cruise Line）進行了一項名為「這裡不一樣」的廣告宣傳。整個廣告的內容非常的簡單與精緻，裡頭有著豪華島嶼上很前衛的黑白近距離景色的鏡頭，許多迷人的情侶在島上徜徉的畫面。每個在廣告業的同業都非常的喜歡這則廣告，也給了它很高的評價。但問題是什麼呢？這個廣告並沒有讓整個郵輪的業績變好，因為消費者從頭到尾並不知道廣告所要傳達的是什麼。挪威郵輪的行銷副總妮娜表示：「廣告裡的每一格畫面都是可以單獨取出來作為幻燈片的，但是很可惜的是我們並不是在賣那樣的東西。」所以她換了一家新的廣告公司，然後很快的就決定走回比較傳統的路線，在廣告裡提到那些豪華的船艙、途中停靠的景點以及美食等等會讓大家聯想到遊輪度假的事物。

當大陸航空在一九九〇年代中期重新營運的時候，公司並沒有用很炫麗的廣告來大作宣傳。大陸航空的前行銷副總邦妮回憶，當時大部分的航空公司仍然採用那種飛機飛過雲端的畫面，來作為廣告的內容，她說：「有些廣告甚至更抽象，內容是用熱氣球然後上頭寫著標語飛過天空。然而大陸航空決定用一種很簡單也很真誠的方式來告訴消費者什麼對他們而言才是最重要的。」因為他們瞭解那些經常搭飛機的人所重視的是始終如一的服務、舒適以及方便。整個廣告就是這樣簡單，沒有太多廢話，太多驚奇甚至也不提到廉價票。藉著他們名為「做得辛苦，飛得輕鬆」的廣告，大陸航空很清楚的向他們最重要的收入來源——商務旅客傳達了一個很簡單的訊息，那就是大陸航空很瞭解也很重視旅客的需求，結果就是大陸航空成為那個時代起死回生最著名的故事之一。他們現在是你要飛離紐約時的最佳選擇，也常常在客戶滿意度的調查中打敗所有的對手。

有些從事行銷的人，已經習慣把所有的注意力都放在如何讓廣告更出名上頭，以致於忽略了客戶做廣告一開始的動機，就只是為了增加品牌的價值。已經退休的前廣告研究公司總裁蓋瑞・路克曼就表示：「有一些在做電視廣告的人，感覺上好像把品牌的名稱，當成是妨礙他們所做的事情的一種阻礙，所以他們就很心不甘情不願的在廣告的最後把名稱放上去。他們在做廣告的原因好像不是為了品牌，而是為了藝術。當你看到很多這樣子的東西時，會讓人有一種感覺，就好像很多做創意的人，其實是在從事製作三十秒電影廣告的生意一樣。如果有任何東西擋住他們，就會被認為是阻礙。」

因此我們覺得與其把心力花在趕時髦，倒不如把重點擺在基本原則上，別荒腔走板的，而要能夠與消費者的心靈契合。事實上我們認為你應該有自覺性的避免去趕時髦，或者是被一時流行的狂熱所吸引。就像是陽獅集團總裁莫里斯・李維（Maurice Levy）在最近紐約時報的專訪裡所表示的：「有很多廣告人做廣告的目的是為了做給同業看的，但是也有很多人是為了消費者在做廣告的。」我們能夠一直都很成功的原因，就是因為我們所創造的行銷宣傳都是完全以消費者為中心。這也是我們存在的原因，就是幫助那些公司來行銷他們自己，也促銷他們的產品。

這其中的重點就是要看清楚事實的真相。你必須試著說服你的觀眾，然後再找到一種能夠讓你藉由情感的語言來表達那個真相的方式。

這種思考哲學也正是我在一九九二年被邀請去幫比爾・柯林頓（**Bill Clinton**）做第一次的總統大選競選廣告時的中心思想。而這也是當時在柯林頓與珍妮佛・傅勞爾斯（**Gennifer Flowers**）的性醜聞爆發後，他的政治策略顧問曼蒂・葛倫渥德（**Mandy Grunwald**）所明白的，也就是柯林頓需要一些很好的傳統情感訴求。

■比爾的朋友

截至一九九二年的九月為止，當時已經有夠多的負面故事正圍繞著比爾・柯林頓打轉，所以他的政治策略顧問葛倫渥德想要扭轉這種形象，提醒選民柯林頓是從阿肯色州霍普的一個窮小孩，勤奮向上成為總統候選人那種為美國夢努力的過程。

我被要求做一支六十秒的自傳式短片，準備在大選前的幾週上映。直到當時，在政治宣傳廣告裡傳統的自傳手法是在內容裡塞滿了炫耀式的介紹、空泛的陳腔濫調以及一長串候選人支持或背書的法案列表。但是對那些已經產生質疑的群眾來說，我們所需要的是能夠讓大家在情感上與柯林頓做連結的影片，來傳達給選民一個訊息，那就是讓大家相信他是一位

「以民為首」的總統候選人。在聽了許多小報捕風捉影的故事後，柯林頓似乎看起來不大像是有候選資格的人；但是就在我跟他會面過後，我的直覺告訴了我一些不同的東西。我開始相信柯林頓是一個關心平民和熱誠地相信他所支持的法案的人。我所面臨的挑戰就是要找出方法讓所有的美國人也看到他的這一面。

最後我將整個影片的內容填滿了剪貼式的回憶畫面，包括了柯林頓十七歲時跟甘迺迪總統握手的照片、他的祖父母親在阿肯色州霍普經營商店時的褪色相片、他在淳樸小鎮裡天真無邪長大的黑白照片。

然後我把整個影片用很慢很慢的慢動作剪輯在一起，因為我知道沒有什麼東西比得上人物緩慢移動時所能帶給人的感動。當你看到一段老舊的影片，內容是你的祖父在你第一次過生日的時候手舞足蹈的樣子，而他看起來就像是在電影「飛越杜鵑窩」（**One Flew Over the Cuckoo's Nest**）裡的主角一樣。不過如果你把整個影片用慢動作放映的時候，突然間他就變成寒冬中佇立在冰雪上的獅子，你會發現你的眼眶開始湧出淚水。雖然這是很常見的伎倆，但是它的確有用。

我做的影片完成了兩件事情，它讓我們都再次相信了美國夢，也相信任何事情都是有可能的。畢竟，我們看看他是從哪裡出生的，整個影片好像在叫大家看看他要往哪裡去。這個影片也讓柯林頓更有人性的感覺，也讓謠傳中的醜聞顯得更可以原諒。此外，它也是對抗當時媒體冷嘲熱諷的最佳手法。

在我做完影片寄給他們之後，我接到了來自一位製作人的電話說：「我希望你現在是坐著的。」他告訴我柯林頓把影片放了一遍又一遍，而且也感動得落淚，因為他從來沒有看過他的一生用這種很感人的影像方式放映過。截至當時為止，他所有的競選廣告都是接近那種客觀且不帶個人情感的把過往的成就列出來的形式。正如同他的政治策略顧問葛倫渥德後來告訴「今日美國」報紙的，這個廣告跟以往的都不一樣，她說：「當我們第一次看到那則廣告的時候，我們就明白它是很完美的——很感人也令人動容，而我們知道這種事很少發生。」

不要否定你的感覺

情感是世界性的語言。與其試著去想什麼對別人來說是有趣的，倒不如想想什麼會讓你覺得有趣。與其去猜什麼會讓一位有兩個小孩的藍領階級父親哽咽，倒不如想想什麼會讓你自己傷心哽咽。你可能會認為你比身材傲人的前《花花公子》玩伴女郎安娜・妮可・史密斯（Anna Nicole Smith）層次更高一些，但是這裡有一個未經修飾的事實：我們有百分之九十九點九的基因是一樣的，我們也都令人吃驚地相似。所以讓我們超越這個事實吧。

事實是那些傳統的情感是從基本的真理上萌芽發展而來的。他們並不會因為季節的不同而有所改變。對一個在非洲的博茨瓦納人說「嗨」，可能會因為對方不懂你在說什麼而遭到白眼。但是如果你跟他們分享你的小孩的照片，你可能就會多一個好朋友。所以有很大的可能性是如果一個點子能夠讓你笑的話，它也會讓別人笑。假如它會讓我流淚的話，它也會讓你流淚。

一鳴驚人發生在當你跟一種主要的情緒連結在一起的時候。為什麼福斯（**Volkswagon**）的金龜車會大受歡迎呢？《很久很久以前：以神話原型打造深植人心的品牌》（***The Hero and the Outlaw: Building Extraordinary Brands Through the Power of Archetypes***）一書的作者瑪格麗特・馬克（**Margaret Mark**）與卡羅・S・皮爾森博士（**Carol S. Pearson, Ph.D.**）主張，那是因為金龜車吸引了我們共通的一種情緒。他們表示：「透過原型心理學的角度，我們可以看到新的金龜車的臉，在視覺上就像是嬰兒的臉一樣——有很大的眼睛，也有很高很平順的前額。研究顯示不管是在動物或是人類的世界裡，那些類似嬰兒臉部的特徵以及天真的特徵，都在散發一種沒有危險，而且他正需要照顧的訊息……他們就是有那種可以贏得全世界人心的臉。」

■開心的染髮

我總是靠著那些基本的情感在與我的觀眾做連結。一九九〇年早期當我還在智威湯遜廣告公司時，在我們拿到了可麗柔這個客戶之後，我被要求為 **Nice'n Easy**，這個被定位成給那些猶豫要不要為自己頭髮上色的人使用的基礎染髮產品，來想一些廣告的點子。

Nice'n Easy 在當時的反應並不是很好，有部分原因是因為那則當時正在上映，內容感覺像是在為染髮辯護的廣告。基本上那個廣告在說別擔心，沒有人會注意到的，因為顏色只變了一些些而已。我知道這個方向是錯誤的。我告訴在可麗柔的人說：「你們想想看，你們把染髮變得太嚴肅了吧。拜託，這又不是在動腦部手術，這只不過是染個頭髮而已。女人要擔心的事情可多了，像是生小孩、乳癌以及游手好閒的丈夫。像染頭髮這種事情是最不會讓我們擔心的。」

我主張與其像前一個廣告一樣，我們不如把整個染髮的概念變成一種很有趣的事情，而且我們提議用茱莉・路易絲卓佛（**Julia Louis-Dreyfus**）來做為代言人。當時，路易絲卓佛正在一個很有趣，但還不是很有名的電視節目「歡樂單身派對」（**Seinfeld**）裡演出。我解釋給可麗柔的人聽：「她所飾演的角色叫伊蓮，是一個鄰家女孩，很可愛，很吸引人但卻不漂亮。女人會找像她那樣的人說話，而不是那些選美皇后或超級名模。」

其中有個人回答說：「我死也不會贊成我們用一個不是模特兒的黑髮喜劇演員來代言銷售我們的染髮產品。」不過我心裡那種熟悉的直覺告訴我這又會是個一鳴驚人的點子。所以我拒絕讓它胎死腹中，我決定把這個想法告訴其他在可麗柔的人。

最後我找到了在必治妥藥廠的高階主管彼得・史賓格勒（**Peter Spengler**），他剛好知道「歡樂單身派對」這個電視節目，在一連串的哄騙及請求，加上可麗柔前總裁沙鐸夫的支持下，他們說服了行銷總監冒險一試。我們甚至沒有做測試就直接開始拍攝廣告，而拍出來的東西非常的好笑。

有一幕是路易絲卓佛喋喋不休地說著她有多幸運可以出生就有這麼自然漂亮的棕髮，然後她偷偷的對著電視機前的觀眾說：「都是因為有了這個染髮劑。」

就在廣告播出的一個星期過後，染髮劑的銷售量直線上升，而廣告裡路易絲卓佛所用的棕色染髮劑甚至在貨架上都找不到了。

我們緊接著又拍了另外一支路易絲卓佛駕駛公車的廣告，這一次她當場在公車內將一個平凡的棕髮女子變成了令人驚豔的金髮美女。在廣告的最後，我們煥然一新的金髮尤物走下了公車，路易絲卓佛說了句話跟她道再見：「你馬上就會讓這條路塞車。」，然後觀眾就聽到了撞車的聲音。這個廣告造成了立即的轟動，整個染髮劑的銷售量直線飆升達到新高點，也幫助可麗柔重回當時染髮劑這個產品類別的銷售冠軍。

這個經驗告訴了我們幽默在連結人們時是多有效的一種工具。這也是在女性美容用品這個產品類別中第一個使用幽默來表達的廣告，而結果真的是一鳴驚人。經由幽默的方式，這則廣告向所有女人傳遞了一個訊息——「你知道嗎?染髮是沒有關係的，每個人都知道是沒有關係的，而看起來很明顯也是沒有關係的。染髮就是件那麼有趣的事。」

幽默的另外一面尖酸刻薄，也是一種創造一鳴驚人的有效方式。在一九九七年美國**AT&T**推出了一系列促銷無線電話的廣告，然而他們並沒有選擇談論相關的科技或是解釋某些複雜的計費攻勢，相反的整支廣告所強調的是家庭跟朋友間那種很單純的連結。其中令人記憶深刻的一幕是，一位被罪惡感所困擾的上班族母親，加上由歌手辛蒂·露波（Cindy

Lauper）所演唱的 **"Girls Just Want to Have Fun"**。內容是描述一位受盡折磨的職場母親，試著要在某個忙碌的工作日早晨把大家送出門。她正在向女兒解釋沒有辦法停下來跟她說話的原因，是因為跟客戶有個重要的會議。她的女兒看著她說：「我什麼時候才可以當你的客戶？」

就在這時媽媽突然放下了正在做的所有事情，看著她的孩子，然後她宣布今天變成是大家休假的日子。所以她們全家一起前往海邊，不過媽媽還是緊拿著她心愛的行動電話，以免有生意上重要的電話打來。這個廣告也是第一個進入「今日美國」報紙所辦的消費者廣告追蹤指數，前二十名最受歡迎的電信類廣告。

扣人心弦、感人肺腑這句話聽起來可能像是陳腔濫調，不過它卻是柯達公司之所以能夠在七、八〇年代屢創佳績的一個很簡單的公式。那時，我正擔任柯達公司這個客戶的創意指導，我還記得很清楚的是在當時每一則我幫他們做的廣告都有一個重要的原則，那就是在廣告完成放映給他們看的時候一定得讓他們動容，他們要的就是那麼簡單。柯達在當時已經是照相的代名詞，而他們的行銷人員則是完全抓住了與消費者情感連結的重要性。畢竟柯達在美國已經成為最會說故事的一家公司，也被定位為記憶的保存者，他們所賣的就是能夠凍結時間的產品。

所以我們的團隊創造了一些能夠讓每個人都觸動到自己生命中精采時刻的廣告。我們的創意拍檔咪咪・愛莫莉塔（Mimi Emilita）跟麥可・哈特（Michael Hart）完成了「爸爸的小女孩」這個廣告，內容是描述一位父親在女兒的婚禮上跳舞的時候，很懷念的回憶起他女兒小時候的一些情景。我則是跟我們的藝術指導葛列格合作了「重新發現美國」這個廣告，內容是描寫一位越戰老兵騎著摩托車重新發現美國的旅程。而我幫這個廣告所寫的民謠歌曲也拿下了廣告克里歐獎裡的最佳原創詞曲。

我們為柯達所做的廣告其效果都非常強烈，大家都會時常討論到廣告的內容而不太記得柯達廣告所贊助的節目是什麼了。很快的大家就開始把他們生命中那些感人的剎那稱做是「柯達時刻」。不管你相不相信，直到那時候我們從來都沒有在廣告中使用「柯達時刻」這個詞。但是這個詞已經成為美國流行用語之一，每一次有人用到它的時候也為品牌本身創造了最佳的廣告口碑。

■我自己的柯達時刻

雖然這些動人的情感本身可能是很簡單也很基本的，但是如果要去想出一些所謂的「柯達時刻」可不是這麼容易。在一九八五年的時候我們正承受了極大的壓力，要趕快的想出柯達廣告的新點子，但我們卻遍尋不著靈感。

就在同時我父親的六十五歲生日也即將來臨，但是我卻想不出該送什麼好東西。再買一條領帶或是百貨公司的折價卷好像不適合他人生這麼重要的時刻。正當柯達的交稿期限和我父親的生日逐漸逼近的時候，這兩件很傷腦筋的事情突然在我身上結合在一起創造出一個一鳴驚人的想法。

我蒐集了我父親跟我們家所有舊的照片，然後串聯成一部電影，我還特地為電影寫了一首名為「我的老爹」的歌曲。在我父親的生日宴會上，我要他把電視轉到第五台來看我們最喜歡的一部老電影——由葛雷・哥萊畢克（Gregory Peck）所主演的「穿灰色法蘭絨套裝的人」（The Man in the Gray Flannel Sui）。而我真正想叫他看這部電影的理由，就在影片中間播放柯達的廣告時才讓大家恍然大悟。整個廣告是以手寫便條紙上的一段話開始：「給我親愛的老爹：祝他六十五歲生日快樂。——你的摯愛，琳達」。緊接著的是長達兩分鐘的舊照片集錦，影片最後的鏡頭是由柯達的底片膠捲加上一句台詞：「你還記得上一次幫你爸爸照像是什麼時候嗎？」。沒錯，我把我老爸給弄哭了，但是更重要的是我讓全國的父親都流淚了。

之後的好幾年柯達都會在父親節的時候播放類似主題的廣告。那個女兒與父親連結的感動也觸發了那些看過廣告的人心中的回憶。在當時似乎不太明顯，不過還有什麼比從自己的經驗及感覺裡擷取靈感來得更容易呢？

所以當你在尋找一鳴驚人的創意時，不如從你自己的內心開始，去進入那些語言及思考所不能表達的情感，然後去觸動在每個人身上都一樣的情感基因。

我們已經討論過那些我們所發現能幫助你創造一鳴驚人工具，包括了違反常理、壓縮、混亂、直覺以及對使用情感語言的熟悉度。另外我們還討論了如何創造出能孕育一鳴驚人想法的環境。不過一旦你有了一整缸的想法，你還必須能夠分辨出到底哪一個想法是具有爆炸力且能一鳴驚人的。

第6章

是什麼造成一鳴驚人？

一鳴驚人的創意很少是複雜的。如果你想找到能黏在人們的腦袋上，能影響人們的生活，能被他們模仿、嘲笑，能夠混入他們每天打屁閒聊之中的那些概念，它本身一定要簡單。

當蘋果掉到牛頓頭上的時候，他做了一個絕妙的聯想，而發現了重力的真相。但我們很少能發現原來一鳴驚人是這麼容易。所以你怎麼能確定，當一鳴驚人的想法經過你的座位前，你可以看到它呢？

事實上在我們「混沌未開」的創意辦公室，各種想法在牆壁之間跳來跳去。當然，大部分都是沒法成功的東西，有些還不錯，只有很少部分是偉大的創意。但即使是偉大的創意也不見得就是對的。有些太複雜了，無法迎合大眾市場的口味。有些太理所當然了，有些疏忽了一些重要的細節，有些雖然非常非常有趣或感人，但是可能就是不符合品牌的形象。然而，這些一鳴驚人的想法中，總有一個有潛力幫助產品達到顛峰。而我們的工作就是要找出是哪一個。

想出偉大的創意是一回事，能選出真正是金礦的創意又是另一回事。當然，你得要有經驗和直覺把火力集中在最讚的想法和主題上。不過你總不能因為行銷宣傳讓人起雞皮疙瘩，就要求客戶砸下幾百萬美金。在這個時候你該做的就是把創意送去做客觀的檢驗。

問題是，怎麼檢驗？沒有酸鹼試紙可以檢測一鳴驚人的創意，沒有科學的方法可以把它單獨分出來做驗證。到這個行銷活動或產品被逐出市場之前，我們都不確定到底它是不是就是那個一鳴驚人的想法。

這樣，並沒有辦法制止多數的行銷專家從傳統的消費者測試，來找出他們最頂尖的創意——比方說焦點團體和回想測驗——根據這些算出得分結果，並且因此證明這個創意是否行得通。但我們相信這種市場研究最多只說了一半的真相。

首先，你把一群心智狀態差不多的人放在一起看東西討論，這樣就叫做焦點團體。這裡面誰會在別人面前承認自己喜歡看趣味低下的東西，或看到煽情之處動不動就一把眼淚一把鼻涕，還是喜歡看一些怪怪的或靈異的東西？而這些也沒辦法說明他們每個人獨自站在商店的走道上，會買什麼東西。例如，掌管寶鹼染髮事業部的羅伯•麥特西（**Rob Matteucci**）指出，很少男人會承認他們在意自己的外表。「他們跟女性一樣重視外表，但他們不會承認，可是我卻看得清清楚楚。當他們經過髮型噴霧劑專櫃時，男人就像大部分女人一樣把心思都放在頭髮上。但你在像焦點團體這樣的研究中不會發現這點，因為他們不肯承認。像這樣的研究只會誤導我們，要瞭解這些男人們對外表的關注程度，得知道他們心裡在想什麼，而不是他們嘴巴說出什麼。」我們相信如焦點團體這樣的研究方法，效果是有限的。

我們除了很仰賴從社會科學裡的人類文化學中借用來的民族學研究方法外，我們也常常觀察消費者。想從消費者身上學到東西，最好的方法就是觀察他們。只要觀察他們對產品和品牌如何反應的一些細節，你就會知道很多真實的看法。是的，這種觀察是很主觀的質化研究。去觀察十五個人怎樣使用他們的手錶，而不是把五支錶丟到五十個或是一百個人當中，問他們最喜歡哪一支錶。但是我們相信只要更仔細觀察，就可以得到更多。

我們走進家中，我們走到街上，我們走進零售店和企業去分析人們的習慣、想法和行為。當我們在幫國際牌做刮鬍刀的行銷時，我們的策略企劃丹尼絲•拉森甚至跟著十幾個人走進浴室，觀察他們刮鬍子來蒐集研究資料。

我們最後發現從市場研究分析結果是一門藝術，而不是科學。不是說拿著這些結果就當成是真理了，我們把這些當成是整體中的一部分。就像羅賓森博士說的，我們也認為當你專注在市場研究時，最重要的就是「把你自己融進這個團體的經驗中，去對照團體的觀點」。我們不僅只是聽他們講話，我們要注意他們非語言的線索，注意他們的肢體語言，注意人們坐在哪裡，這些都彼此相關。除了研究他們說的話，我們會去觀察參與者是否是有留心或有興趣。

幾年的觀察下來，有些創意一鳴驚人，而其他的則一敗塗地。幾十年的市場研究經驗，讓我們確認一鳴驚人的創意有一些特徵。當我們規劃一系列的創意要提案給客戶時，當我們做消費者測試的時候，當我們為了要確定一個想法是不是最有潛力的時候，我們會對自己提出下列問題來測試，這些測試不是全然無誤的，有時候一個偉大的創意會沒辦法通過我們定下的準則，那我們會放它一馬。但我們發現一鳴驚人的創意會遵守大部分的，即使不是全部的下列規則。

下面就是我們每次在面對可能會一鳴驚人的創意時，提出來的問題。

夠典雅簡潔嗎？

一鳴驚人的創意很少是複雜的。如果你想找到能黏在人們的腦袋上，能影響人們的生活，能被他們模仿、嘲笑，能夠混入他們每天打屁閒聊之中的那些概念，它本身一定要簡單。很少人有時間停下來，去瞭解你想說的東西。不管這個廣告行銷的想法是建立在一句廣告辭，一段廣告歌或是一個圖片上，一鳴驚人的宣傳詞可以在片刻之間描繪出千言萬語，例如說「更快更新的採集器」、「有時你覺得像個瘋子，有時又不會」、「適合列印所有的新聞」、「想要與眾不同」等等。

又比如說，大陸航空的「做得辛苦，飛得輕鬆（**Work Hard, Fly Right**）」，是由我們**KTG**的創意總監傑克・卡爾登和麥可・葛里柯，把大陸航空想要告訴全世界的話濃縮為四個字。這家航空公司知道他們的目標客戶是商務旅行者，而這些人需要的是一個不會把事情搞砸的航空公司，而這個廣告詞囊括了全部。

詹姆斯・卡維爾（**James Carville**）在柯林頓第一次競選的時候，提出「蠢蛋，問題是經濟。」當時這個國家還有很多其他的問題——你記憶中有什麼時候第一次把醫療保健搬到檯面上討論？——但他拒絕運作其他不相干的廣告。事實上政治顧問都會說，要贏得選舉，就要把焦點集中。

但是人們往往會忽視可能會成為一鳴驚人的創意，因為這個創意看起來似乎不夠「出色」。寶鹼的總裁A・G・拉夫雷在最近的會議上跟我們說道：「每次如果我們在某事上，同時要推動兩個部分，那就有麻煩了。越簡單反而越好。對於新的品牌，我們的議題就是『你是誰？你要做什麼？』對於既有的品牌，議題就是『試試看』。沒那麼複雜。

有時候廣告或行銷人員用他們的努力創造出某些「出色」，某些會把人搞糊塗的創意。他們渴望創造出讓人難忘的商標或是廣告辭，卻忘了訊息必須要清楚。這樣的概念恰好可以用最近發行的兩支電視廣告作區隔。

在二〇〇二年超級盃之前，有一系列叫做**mLife**的電視廣告出現。「因為沒有任何東西可以馬上讓我們知道，我們大部分的人都下了一個結論，就是這一定是某種新型式的人壽保險或是員工福利。」《廣告時代》的總編輯藍斯・克雷因（**Rance Crain**）因這麼寫道。最後，我們才知道**mLife**要講的是關於美國**AT&T**的產品，包括行動電話和呼叫器以及其他種種。這支廣告如此含糊，所以美國大都會人壽保險公司（**Metropolitan Life Insurance Company**）馬上就能對號入座，大家會說**mLife**很容易就被搞成**MetLife**。兩家公司解決了爭端，但結果就是大家被搞混了。不過美國**AT&T**還是用了**mLife**這個概念兩三年，廣告從來都沒有辦法立刻把清楚的訊息傳遞出來。

在此同時，維蹤無線（**Verizon Wireless**／美國最大的行動電話公司）正好在放送他們有名的廣告：「你聽得到嗎？」他們抓住了重點，每個行動電話使用者最重視的就是「通話要正常」。即使它的性能好到可以把你傳送到火星，如果沒辦法通話就一文不值。這則廣告馬上讓維蹤無線成功，大部分原因就是這家公司在幾秒鐘之內就把重點告訴觀眾。

我可舒適（**Alka-Seltzer**／拜耳藥廠產品，一種胃藥）廣告的背後也有一個故事告訴我們簡單就是美。瑪麗・威爾斯・勞倫斯（**Mary Wells Lawrence**）在她的《在廣告業的大生活》（***A Big Life in Advertising***）中提到，在一九六〇年，當她領導一個創意小組負責我可舒適的業務時，銷售正不斷下降，我可舒適的製造商麥樂斯實驗室（**Miles Laboratories**）想要走出這個低潮。所以勞倫斯的團隊開始想一些吸引人的廣告。但是一直等到她跟麥樂斯實驗室的醫師閒聊之後，他們才「撿到金塊」。醫師跟勞倫斯和她的團隊展示了一個很簡單的發現：「兩片我可舒適比一片有效。」當時，包裝上的指示寫到你只需要一片，而每支廣告都拍一粒藥片被丟進水裡，然後冒起泡泡的畫面。

勞倫斯和她的團隊很快就開始工作。只花了很短的時間，在每個我可舒適的廣告之前，都改成兩粒藥片被丟進玻璃杯中溶解冒泡的畫面。麥樂斯實驗室重寫說明書，鼓勵消費者吃兩片而不要只吃一片。公司開發了一種攜帶式的兩片裝我可舒適，在書報攤、酒吧、快餐店，以及各個地方販售。不過，一直等到勞倫斯公司的創意團隊想出了「撲通撲通（**藥片掉入水中的聲音**），嘶嘶嘶嘶（**Plop, Plop, Fizz, Fizz**）」之後，才算真的一鳴驚人。四個簡單的字——其他的都是歷史了。

《廣告時代》說，這支廣告是本世紀最頂尖的十五個廣告之一。不出所料的，我可舒適的銷售量果然增加了一倍。解決的方式明白簡潔，而且逆轉了整個品牌。

事實上，「無毒美國之友」（**Partnership for a Drug-Free America**）就用這種單一訊息的策略讓人印象深刻。如今藥物濫用很顯然是很多統計學和藥物研究的主題，很多行銷者也試著在廣告裡儘可能地多塞一些可怕的訊息。然而，在一九八七年，無毒美國之友決定做一個也許是前所未見的最簡單的廣告。

廣告一開始是一個男人拿著一個蛋。「這個演員並沒有虛言恫嚇，也沒有袖手旁觀。他只是拿著一顆蛋，然後說：『這是你的腦袋。』然後他敲破蛋殼，把蛋放進一個熱得滋滋作響的煎鍋，攝影機靠近那顆煎蛋。他說：『這是你吸毒的腦袋。』」史蒂德曼說道：「這廣告非常有效，因為它簡單，又讓人不安。這廣告讓人怵目驚心。」她說這個廣告至今都還是大家印象最深的其中一個，你可以在T恤、海報、卡通、諷刺詩，還有更多地方看到廣告的成果。

然而，並非總是那麼容易找出簡單的解決之道。正確的說法是，並非總是那麼容易「看到」簡單的解決之道。我在一九八八年就發現這回事了。當時貝爾大西洋公司贊助布希總統夫人的識字運動，替他們做電視特輯。我的朋友克里斯•克勞瑟那時是貝爾大西洋公司的公司聯繫及廣告部門的副總經理，他問我可不可以寫這個廣告。當然經過這麼多場大型活動辦下來，我們事實上已經沒有預算可以做任何事了。我記得那時候我是這樣想的：「我們可以怎麼做而又不花錢？」我腦中閃過各種不同的可能：「哪個名人可以免費朗誦莎士比亞？我怎樣把一個個引人注目的訊息拼在一起，讓人們知道這個議題是重要的？」

我開始覺得這是個不可能的任務。當我搞得很煩的時候，我記得我對自己說：「只要把廣告詞用鉛字排一排，那就可以符合預算要求了！」當然這個想法讓我們創意團隊想到一個好點子。為什麼不這樣做呢？把鉛字排一排？那就是整個廣告了！

最後的廣告只是一些隨意排列的字母在螢幕上慢慢捲動上去，背景音樂是一段悲傷的鋼琴聲。

正當觀眾開始困惑而沮喪的時候，廣告用這樣的廣告辭做了一個結論：「你現在知道幾百萬的美國人的感受了，他們想閱讀卻沒有辦法。」

答案一直都在那兒，只是我們一直沒想到：如果你不識字，文本根本沒有意義。除了試著去想出一些環繞文學的主題，除了拚命陳述多少美國人不能閱讀的統計學，我們讓讀者自己親身經歷不能閱讀的痛苦。短短三十秒就讓他們知道，為什麼他們必須贊助識字運動。這一點也不複雜。

當一個想法夠典雅簡潔，就很容易懂。如果你需要三十頁的**PowerPoint**來解釋一個想法，這可能不是一鳴驚人的創意。你應該要能提綱挈領把這個概念變成一句話，跟你朋友說，而像焦點團體這樣的研究工具這時候就可以幫你了，他們會讓你知道你的資訊是否夠明確夠清楚。典雅簡潔的想法能夠提煉出一個符號，當一個品牌經過多年的累積，對消費者來說，這個符號就是捷徑，每次你看到它就是一個剎那的廣告。耐吉的颼的一聲（什麼？是那個勾勾嗎？）**Target**賣場的公牛眼，**Tiffany**有著白色蝴蝶結的藍盒子。只要聽到「當你對著星星許願（**When you wish upon a star…**）」會馬上讓你聯想到迪士尼卡通人物全部的卡司。

找到治療的方法

參與市場研究討論的人們所說的話，會被大多數研究人員採用，不管是焦點團體還是在街上的田野調查。但最重要的是他們這麼說的意思是什麼。一個好的治療師比較會去瞭解情緒，而不是語言。因為他們可以讀出人們隱藏的訊息，他們可以幫你瞭解這些人在想什麼，而不是只讓你看到逐字的文字稿。

最完美的例子可能是蘋果電腦，它的符號來自一個精采簡單的行銷觀點：一個蘋果被咬了一口。馬克和皮爾森在《很久很久以前：以神話原型打造深植人心的品牌》指出這個古老的象徵：「喚起了亞當在伊甸園中第一次的背叛，這個破除陳腐的品牌印象是非常精粹的。」這個符號說蘋果電腦的使用者是叛徒，是那些敢於和個人電腦的潮流反向而行的人。他們慶祝你們這些人並不盲從，你們與眾不同並且改變世界。這個商標同時也反映了蘋果一直真實地保留他們的文化，就像他們當初很努力的建立這個品牌。

所有這些符號不僅讓消費者更容易瞭解你要傳遞的訊息，也讓品牌的精神長存。這本書的作者馬克，她也是紐約州韋斯切斯特縣（Westchester County）的行銷顧問。她說：「市場的品牌符號，第一代的人也許可以瞭解它，因為他們多少看到了它創造的過程；但對下一代的人來說呢？品牌創造者可能認為品牌的印像深入骨子，但品牌得要通過時代的考驗，不管是廣告的創意或是整個公司，你必須要用像是符號或是廣告詞這一類的設計來讓品牌的精神永續長存。所以每個新的世代可以「重新發現」這些品牌。

馬克花了三個月替拉夫・勞倫（**Ralph Lauren**）想出一個可以表達品牌精神的口號。公司覺得這個口號的音節要簡潔有力，如此才可以讓接觸到品牌的每個人——從造形設計，到銷售人員，該公司上上下下都瞭解圍繞著品牌所建立的氣氛和個性。她最後總算想出了這樣的句子：「拉夫・勞倫邀請你參加他的浪漫之旅，進入過去和未來的奇幻世界……」把正確的訊息用鏗鏘有力的字句表達出來，得要花很長的時間，但這值回票價。馬克說：「勞倫本來可能是用冷漠而高傲的態度賣衣服，但這個口號讓品牌變得溫暖而可親，這種歡迎你的態度甚至讓小孩也能在打折的時候買一件 **Polo** 牌的運動衫。

幾年前，我丈夫薩勒和我被紐約的猶太聯合求助聯盟（**United Jewish Appeal-Federation**）邀請幫他們寫一首募款的歌。我們需要一個簡單的主題，讓我們能闡述這個重要的訊息，也讓大家願意捐錢。我知道薩勒最後會寫出動聽，讓人難以忘懷的歌，但我不知道主題和歌詞應該是什麼。我們要傳達的就是，世界各地的猶太人都必須要意識到他們延續傳統的責任。當客戶總監隨便張望，瞥見他們的標誌，注意到這個標誌有一個小而有趣的細節，上面有一個火炬。我當時正在尋找靈感，我們開始聊天，才知道幾乎每個猶太度假中心都圍繞著火焰：光明節（**Hannukah**）所點的七燈或九燈燭臺，象徵著在馬加比

（Maccabean）勝利之後，油燈神奇地在耶路撒冷的寺廟燃燒八天；燃燒Zartzheit蠟燭是用來懷念我們已經死去的親人。我知道，這個訊息就在我眼前，猶太文明是一個永遠不會熄滅的火焰。

這個小小的象徵解決了難題，幾分鐘之內我就想出了我一直在找尋的影片主題：「讓火燄燃燒下去。」薩勒和我寫了一首很合的歌，幫這個組織募到了上百萬元。

這是個對的宇宙嗎？

人們有時候會忘了一件事情，那就是我們做廣告是要賣東西。許多廣告很搞笑，但結果並沒有賣出產品。當塔可鐘（Taco Bell）在一九九〇年代末，創造他們吉娃娃的符號時，這隻會說話的小狗馬上一炮而紅。可是她並沒有說服大眾去塔可鐘吃東西。想想看，用一隻小狗來賣食物，大概很難引起人們的食慾。你真的想要吃狗喜歡吃的食物嗎？狗什麼都吃。就像寶鹼的家品事業部全球總經理歐治‧曼斯柯塔（Jorge Mesquita）所說的：「廣告要能吸引人，要讓人忘不了，要有戲劇性；但是不能離開產品的利基。創意的責任就是要讓產品增加曝光。」

太多人把時間精力浪費在一些不切實際的創意上，最後發現徒勞無功。一九九六年的日產（Nissan）汽車就是一個好例子。那年九月，日產汽車播放一個叫做「玩具」的動畫廣告。廣告中，玩具士兵從一個恐龍的下巴掉下來，掉進一個座位，這個座位是一個非常小的

Z字，而這個Z就是日產的跑車。創意總監決定使用范海倫合唱團（**Van Halen**）所唱的**"You Really Got Me"**，而日產汽車最後給樂團每個成員一部Z車，來當做權利金。

播放之後，這支廣告在報紙上有很大的迴響，獲得了《美國今日／娛樂週報》和歐普拉的讚美。《時代雜誌》也稱讚這是今年最好的廣告。

但結果賣得怎麼樣呢？根據華爾街金融報的報導，他們在廣告播放時的九月到十一月銷售量都還好，但是十二月銷售量驟減。結果，Z這部車當時就慢慢被日產所淘汰。——就因為一個不知道怎樣被忽略的細節。經銷商不敢相信日產汽車把廣告焦點放在或然率上面。何況，哪一個熱愛跑車的人會想買一個像玩具的車子呢？

麥當勞也有類似的經驗。一九九〇年代末期，他們推出一種招牌漢堡（**Arch Deluxe**），主要是想吸引成年人。廣告拍攝小孩皺著鼻子，對這種漢堡興趣缺缺，而麥當勞叔叔卻在一旁打高爾夫球。結果呢？店面銷售量立刻降低。理由可能不止一個，但有一件事情是確定的，這個廣告把小孩排除在外，而小孩卻是麥當勞所以存在的理由。

你要學會去瞭解，什麼是重要到非傳達不可，而什麼是可以忽略的。有些想法可能不怎麼吸引人，但你必須要把真正相關的元素放進去。有些想法會有一些讓人激動的創意，但如果不是聚焦於產品本身，你就要拒絕這些創意的誘惑。雪利・波里克夫是草本精華早期成功背後傳奇的創意謬思，想出「到底是不是她？」和「金髮女郎真的會比較有樂趣嗎？」她很清楚她在跟誰說話。她總是稱呼那些要買草本精華的顧客「我的女士」。如果廣告的品牌定位不能吸引她的「女士」，她就會否決掉。

紐約大學的行銷和媒體研究教授塞昆達博士記得一個很棒的故事，故事是關於把對的想法給對的人知道。幾年前，當他在智威湯遜公司做事時，要替海軍陸戰隊作招募新兵的廣告。他們想出了「我們從來沒有承諾一個玫瑰花園」。在廣告中，一個海軍陸戰隊中是對著一個新兵咆哮。塞昆達說道：「你可以質疑：『誰心裡真的想要這種經驗？』但確實有一些年輕男人他們想要把自己放在極端危險的狀況下，證明自己是個男人。因為他們可以通過這樣的考驗，那就證明他們是個男人。」這支廣告很有效，是因為它吸引的就是他要的男人。他說：「他們不要那種從城市來的，自命不凡的，複雜的傢伙。他們要農村來的淳樸的年輕男人，他們不會懷疑他們的經驗，並把這些當作是真的。而從人口統計學上來看，這隻廣告命中率幾乎是百分之百。」

夠極端嗎？

一鳴驚人不走中庸路線。它強迫你有一個觀點。結果就是一鳴驚人的測試通常在傳統的質化研究上，尤其是焦點團體的討論裡得不到青睞。比方說，當女性想要追求男女兩性工作平等時，還有哪個人會說想要學瑪莎·史都華有一堆追隨者，想要成為家庭生活的女神呢？不過結果是什麼呢，幾百萬的女性都迫切的想知道怎樣能讓家庭變得和事業一樣成功。

重新觀察你的焦點團體

重點不是焦點團體參與者所說的內容，而是他們在特定主題上所花的時間。有時候我們焦點團體中的女性會一直一直提到他們有多討厭一個廣告，但他們沒辦法停下來不講它。那這就是我們要的。

同樣的，如果我們只依賴焦點團體測試艾弗拉克鴨和草本精華的「全然有機的經驗」，這些創意可能就此在試片室中畫上句點了。可能兩則廣告都會產生以下的反應，不是說：「這真是太可笑了。」，就是說：「這是很失禮的。」一鳴驚人常常會帶來一些創意，而且是令人不舒服的創意，這些創意在一開始可能就會讓一些消費者不喜歡。紐約**Moss/Dragoti**廣告公司的主席查理・摩斯（**Charlie Moss**）就宣稱，參與焦點團體的消費者的反應可能只是他們覺得恰當的反應，因此可能會殺死任何新穎而獨特，強而有力的創意。

也許使用焦點團體最好的方法，就是用焦點團體來判斷這個創意是不是夠極端，因此會更有潛力一鳴驚人。策略企劃克萊爾・吉爾最近發現，當草本精華的廣告引起焦點團體的負面反應時，其實不盡然是件壞事。重要的是還是有人就是喜歡這個廣告，且往往是這些非常不流俗的創意可以鼓舞人心。「極端象徵著熱情和緊張的感覺。」吉爾這麼說：「很自然的，會讓一些人感覺不好，但我更在乎是不是能引起他們的感覺。」事實上在英格蘭，只要這個創意的訴求是很「新潮」的，焦點團體常常會讓這樣的想法或是產品孤立無援，這反而是他們成功的機會。這種極端表示你的創意會被消費者關注。你最不想要的是大家普遍都覺得還可以的反應，如果每個人都「有點」喜歡它，那這個創意肯定會失敗。

我們最近有一個行銷創意引起客戶自己內部團隊矛盾的意見。當然這個創意需要經過檢驗，但這是一個很好的例子，來說明極端的創意會讓你無法忽視它。

雷恩・布萊恩（Lane Bryant）是替大尺碼的女性作衣服的服飾行，想請我們幫他們做行銷定位。我們知道我們需要的是真實可信的女人而不是以往纖細的模特兒。當然我們沒有唬弄任何人說：苗條永遠符合潮流。但當我們開始討論這個廣告時，我們發現潮流已經改變了。除了充斥我們腦中的厭食症女星的形象以外，媒體也開始顯現回歸正常的跡象：很多電影和節目比方說：「我的希臘婚禮」（My Big Fat Greek Wedding）、「難如人意」（Less Than Perfect）、「曲線窈窕非夢事」（Real Women Have Curves）似乎都讓審美觀變得比較有彈性。也許是因為後九一一現象，行銷顧問馬克認為豐腴的女體是在緊張之後讓人舒服的意象。在二次大戰之前，模特兒都是二、三十歲的纖細，小屁股的女性；戰後的海報美女都是肉感的珍・羅素（Jane Russell）、蘇菲亞・羅蘭（Sophia Loren）和瑪麗蓮夢露（Marilyn Monroe）。

聽「但是」這個字

當你仔細檢閱市調訪問的逐字稿時，要特別注意對話中的「但是」。想想下面這句話：「我覺得這廣告很蠢，但是真的很好笑。」「但是」之後的話才是受訪者想說的重點。

因此，在仔細討論之後，我們認為這家公司過去的方式，就是讓大家看到大尺碼的女性穿上雷恩・布萊恩的衣服顯得多麼有精神。如果我們說這些女人穿上雷恩・布萊恩的衣服就變得有吸引力，其實是比較不禮貌的。更好的做法是，為什麼不真實呈現這些「魯本斯式（法蘭德斯派畫家，畫中女生都是豐腴的）」的女人有多美呢？所以藝術總監史都華・皮特曼（Stuart Pitman）和文案吉爾・丹奈伯格（Jill Danenberg）想出一系列優雅的黑白照，拍攝這些肉感裸體的女人，再配上廣告詞：「拋給世界一個曲線」。

目前這樣的廣告已經不會被基督教聯盟（Christian Coalition）放到名單上，成為「列管對象」。如果這個廣告能進行，這些照片會被掛到商店的櫥窗，保證有一群人會擠過去看去問，而且他們會記下這個廣告。事實上當我們跟客戶提案時，一些資淺的人覺得這樣做太危險了，但是他們的執行長多瑞特・伯恩（Dorrit Berns）看到了，她說：「這會一鳴驚人。」是的，這個廣告會讓某些人不喜歡，而且上面連他們品牌的一塊布也沒有。是的，一絲不掛總是讓人不安。但我們認為這個是精確而有效的。

能夠引起騷動嗎？

一鳴驚人的創意其中一個指標就是它能不能製造出一個好的新聞故事。我們知道很多公司對於公關這檔事都有疑慮。但就像我們的公關總監特瑞西亞‧肯奈（**Tricia Kenney**）說的：「你不操縱媒體，媒體就來操縱你。如果記者要寫一個故事，不管你有沒有參與，他們就是去寫了，而你的觀點可能就不會有人知道，那些搞不清楚你的公司在做什麼的人就可以說更多話。」

公關是讓你一鳴驚人的捷徑之一，不要擔心新聞是好是壞，就是去接受採訪。大家記不得故事的內容，但是他們會記住你的名字。當你預算不夠時，新聞媒體可以助你一臂之力。新聞可以幫你把一鳴驚人的創意持續留在大家的腦袋中。肯奈指出卡文克萊在八〇、九〇年代的廣告就是一個例子。他們廣告大多都是平面廣告，但「每次他們做出一個平面廣告，他們就知道這個廣告會在電視新聞和娛樂節目上大量曝光。公司的執行者知道這個廣告是如此具有爭議性，所以他們「投電子媒體之所好」。

百樂筆（**Pilot Pen**）的執行長朗‧蕭（**Ron Shaw**）知道他們廣告預算需要公關活動來補強。我們其中一個團隊，許瓦茲和桑迪最近寫了一個百樂筆的廣告，也許是利用二〇〇二年一個無聊的商業新聞想出來的。廣告開始是一個男人的手部特寫，他正瘋狂擦掉一張又一張的紙上寫的東西。當他這麼做的時候，隱約可以看見蕭邦的「送葬進行曲」（**Funeral March**）。最後，一個預言事的旁白說道：「當一個《財富》前五百大企業知道說他們不能再使用碎紙機時，會做些什麼？」百樂筆就是這樣介紹第一支可以擦掉的膠狀墨水筆。對這件事的反諷馬上就上了「傑・雷諾今夜秀」（The Tonight Show），華爾街金融報也豎起大拇指稱讚。對一個廣告預算少於一千萬的公司來說，這是真正成功的行銷手法。

一九九三年蕭也從另外一個公關機會中獲益，那年的某個禮拜五下午，他接到一個秘書的電話，以色列總理拉賓（Yitzhak Rabin）與巴解主席阿拉法特（Yasser Arafat）可能要簽署奧斯陸和平協議（Oslo Peace Accord），有記者問拉賓說，他會用哪一種筆簽下條約，拉賓回答：「我是為人民服務的，我口袋裡放的筆都不貴，我明天口袋放什麼筆，我就拿出來簽就是了。」蕭那天休假，但他秘書在條約簽完之後馬上打電話給他：「好多人打電話來辦公室，說拉賓用的是我們的筆。」蕭衝到他的電視機前面，轉到CNN。這歷史性的一刻重複播放了幾次，而且確定「其中一個特寫鏡頭可以看到，我們的商標就在筆桿上。」蕭回憶著：「我腦中開始轉著主意，我們要怎樣讓人家知道，在這歷史性的一刻，是我們的筆簽下這個條約的？但又不要讓人家覺得我們是在炫耀或是很沒品？」

這是千載難逢的行銷機會。蕭最後決定要買下整個國家二十五家報紙的全版廣告。禮拜五發生這件事，但他要廣告在禮拜一的時候出來。他的廣告代理商馬上開始寫廣告，但他對他們寫出來的東西都不滿意。幸好他的兒子，也是廣告總監，史蒂夫・蕭（Steve Shaw）打電話給他，原本要講一個跟這件事沒關的事，但是無意中說出了很出色的標題：「在戰爭與和平中有一條微妙的界線，就是百樂筆所畫出來的。」蕭的公關人員把這個故事告訴記者，這變成一個出乎意料之外的公關宣傳——故事馬上被世界上很多國家的新聞媒體所報導。

土豆頭先生（Mr. Potato Head／玩具總動員中的角色）也是藉著公關一炮而紅。在《玩具總動員》使土豆頭先生成為最搶手的馬鈴薯之前，孩之寶（Hasbro／美國玩具製造商）發行了一篇聲明，宣稱因為新聞報導吸煙的壞處，土豆頭先生打破他幾十年來的積習不再抽煙，並且把他的煙斗交給衛生署署長。同時，反菸團體的文章在媒體上大量曝光，幾百萬的人都不顧一切地想戒煙。因為跟上這股反菸新浪潮，土豆頭先生成為頭條新聞。

即使你預算夠多，公關也會使行銷更不一樣。麥克・傑克森（Michael Jackson）的頭髮在拍攝百事可樂的廣告時被火燒了，這根本不是好的消息。但這個事件使得這支廣告的首播變成那年全世界最熱門的一件事。

最後，公關活動會衍生出更多的公關活動。寶鹼最近改變政策，讓員工在媒體上發言。他們最後發現新聞報導是件好事，所以比以前更開放，讓大家去上媒體。底線是，有公關總比沒有公關好。當你開始被媒體注意，你將發現記者一直會回頭來找你。我們常常接到廣告專欄作家的電話，因為他們知道我們會把他們的故事當成最優先的事情處理。記者和我們其他人一樣，會想找省力的方法來做新聞。

有了一鳴驚人的創意，還要有消費者、客戶、老闆或是團體願意買單。所以你必須要用一鳴驚人的方式來賣這個一鳴驚人的創意。

第7章

說服劇場

在KTG集團裡，每次介紹我們一鳴驚人的創意時，我們都將之視為百老匯的表演——亦即視為一段戲劇，必須要規劃、選角、排練、去蕪存菁。

讓我們面對這個事實吧！我們的文化已經對「秀出來」上癮了——不管是地方天氣報導裡有趣的玩笑話，或是約翰・威廉斯（**John Williams**／音樂大師）在美國國家廣播公司（**NBC**）晚間新聞史詩般的主題曲。如果沒什麼噱頭的話，我們是不會看的。我們文化中每個面向都要求娛樂性。像硬石搖滾餐廳（**Hard Rock**）就很善於利用好萊塢種種讓人興奮的事物。保齡球場用迪斯可的燈使大家的胸針燦爛發光。一直到最近，如果沒有聽到名人的錄音提醒你繫緊安全帶的話，你就不能坐上紐約的計程車。

在大多數企業，你得要娛樂他們，才能說服他們。如果你只是啪的一聲，把東西放到你的觀眾面前——不管你的觀眾是客戶也好，是消費者也好，或是售貨員也好，甚至是你自己公司裡的管理團隊——是不會引起注意的。你怎樣傳遞訊息至為關鍵。你必須用不會被忽視的方法呈現，你必須要有娛樂性。

舉例來說，去年春天，可口可樂公司第一次發售新口味的香草可樂，就替大家精心安排了諾曼・洛克威爾（**Norman Rockwell**／美國近代著名畫家，因為**Norman Rockwell**也住在新英格蘭區，而且畫過類似下面情形的畫面，比方「來吧，開飯了」（**Come and get it**）這幅畫）的時間。一天早上十點四十五分，一輛運貨卡車到達康乃迪克州一個可愛的新英格蘭小鎮的香草豆咖啡店（**Vanilla Bean**），一群放假的學童獲得首先嘗試這種新口味汽水的權利。

我曾經聽過美泰兒（芭比娃娃製造商）的前任執行長吉兒・巴拉德（**Jill Barad**）說

過，她過去常常要她的部門主管唱他們的季報告表。微軟最近發行桌上型電腦，就邀請名人譚恩美（**Amy Tan**／美籍華裔女作家，《喜福會》作者）、羅伯・洛（**Rob Rowe**／著名男演員）、史蒂芬・科維（**Stephen Covey**，《與成功有約》作者，書籍暢銷，並與那些被認為是美國具有影響力的思想家幫忙造勢）。被告律師常常會在法庭上誇張演出。保羅・薩勒（**Paul Thaler**）在他的《媒體奇觀：辛普森殺妻案始末》（***The spectacle: Media and the Making of the O.J. Simpson Story***）指出：表演技巧常常可以用來左右法庭上的公眾意見。泰勒寫道：「雙方都知道自己會上電視，可能就故意去競相討論一些法律上細節來延長審判過程，不管這些細節看起來多麼雞毛蒜皮，多麼愚蠢。畢竟，表演才是重點。」

去年我請**KTG**集團一個非常有才華的藝術總監皮爾斯貝利導演我們公司的一部片子。我知道要抓住我們公司一鳴驚人的調調，才能做出有高度娛樂性的廣告。皮爾斯貝利最後做出了一支很棒的影片：「怎樣成功做廣告，而不會弄到鬼哭神嚎」。二〇〇二年在康乃迪克州諾瓦克（**Norwalk**）舉辦的導演觀點電影節（**Director's View Film Festival**）中，這支影片獲得很好的迴響。前影評人，現在是書評家的珍妮・瑪斯琳（**Janet Maslin**）在紐約時報上提到這部影片「令人耳目一新，又吸引人又逗趣」。這支影片也得到了二〇〇三年的數位影像特殊成就獎，因此也為我們帶來了很多客戶。

從定義上來說，一鳴驚人是強迫性推銷。與眾不同的創意不可能順利通過傳統的決策過程，我們得正視這個問題。乍看之下，一隻會說話的鴨子不可能在保險公司「灌籃得分」。結果呢，一鳴驚人的創意很容易就被改變方向，或是完全被否決掉，尤其是當那些沒有經驗的人來審核的時候，他們會傾向接受他們所熟悉的而拒絕大膽的作品。那麼，世界上最好的行銷創意就毫無價值，因為沒人接受。

在KTG集團裡，每次介紹我們一鳴驚人的創意時，我們都將之視為百老匯的表演——亦即視為一段戲劇，必須要規劃、選角、排練、去蕪存菁。當然，根據計畫的程序，某些會議會比其他的會議還要更有戲劇性。但我們知道我們的客戶很容易因為一些更吸引人的或是更緊急的事情而轉移注意力，所以我們要確保他們在瞭解一鳴驚人的創意時，能夠全神貫注並且樂不可支。我們的目標是要讓我們一鳴驚人的創意獲得它應得的禮遇，那就是讓大家都會起立並熱烈鼓掌，我們稱之為「說服劇場」。「說服劇場」的表演要從你跟可能的客戶接觸第一次就開始，而且，理想的狀況是永遠不要結束。我們來看看我們是怎樣秀出我們一鳴驚人的創意吧！

陳設舞台

勞拉・史魯斯凱（Laura Slutsky）是紐約的獨角喜劇女演員同時也是成功的廣告導演。她說道：「當我一開始站在舞台上的時候，就讓觀眾知道，我是有權力的，我是贏家。在談生意的時候，也是一樣的。」當你演出時，你必須要想到和你客戶的所有互動。從他們進入你們公司，或你進入他們公司的那一刻，你要讓他們覺得有信心，對未來充滿展望。

迪士尼比任何人都知道這個。當你在他們任何一個主題樂園工作的時候，你不能只是一個員工，你是「劇組的成員」。消費者不是「客人」，人群是「觀眾」，工作轉變成「表演」，而制服是「戲裝」。公司的員工從被雇用到離職，都得活在迪士尼的信條之下。

這有時需要一點舞台技巧。誇德製圖（Quad Graphics）現在是美國第三大的印刷公司，老闆哈利・科杰希（Harry Quadracci）在一九七〇年代初期開始這個事業。每當有可能的客戶去拜訪的時候，他就會操作印刷機。他也會很熟練地堆起紙捲，這樣看起來就好像這個地方充滿著許多工作，等待他們去完成。但事實上，那時候他幾乎不做這些事情。

趨勢教主費絲・波普康（Faith Popcorn／《爆米花報告》的作者）和她的事業夥伴皮特曼（我第一份自由接案的廣告工作機會就是他給我的），幾年前在紐約開了一家廣告代理公司叫做智庫（BrainReserve），他們也有著同樣的故事。當時因為這個公司很小，他們的工作室就設在波普康位於上東區的公寓。當四個員工去上班時，波普康早上喝的咖啡味道都還瀰漫在空氣之中。有一天，智庫接到莎莉・韓森（Sally Hansen）這家化妝品公司的電話，他們希望尋求一些行銷上的幫助，他們想到智庫公司拜訪。

大概沒有什麼事情比告訴客戶說你沒有辦公室，更容易讓客戶打退堂鼓的吧。幸好皮特曼和波普康都是羅特思俱樂部（Lotos Club）的會員，這個俱樂部外觀是一座石灰岩建築的豪華宅邸，也是附近一家高級的藝廊。他們想為什麼不暫時先把辦公室搬到那兒呢？所以智庫當天在羅特思俱樂部租了一層樓，把檔案夾、打字機和電話搬過去。當客戶走進這間大張旗鼓的辦公室時，看到處處都是古董藝品，無價的印象派繪畫，以及六七個在最後一分鐘被拉進來充當員工的朋友——這些演員們看起來很忙碌地在使用所有的設備。

皮特曼回憶著：「我們最擔心的是有人會跟我們借電話，因為到時大家都會發現沒有一支電話是真的可以打出去的。」最後，這次的表演成功了——客戶印象深刻，採用智庫提出的其中一個計畫。

早期我們員工不多的時候，也搞同樣的把戲。當有重要的客戶要來開會時，我會要求辦公室這天「全面備戰」。當然，真的忙起來的時候，一般來說很少人會待在辦公室。每個人不是在外面拍廣告，就是去客戶那邊提案，但是客戶並不瞭解這個。他們要看到生意興隆，奔波忙碌的樣子，他們要感覺這裡是宇宙的中心，他們正和最頂尖的廣告代理商一起工作。

所以我會要求這天所有的人都要回到辦公室，不能出去吃午餐。所有人那時都要想好自己的動作，就像電視影集《白宮群英》一樣表演，他們演員會故意走過攝影機前面，而且同時朝不同的方向奔跑。我會跟每個人說：「所有的電腦都得開著，即使你看的是你的股票投資組合也沒關係。」當我帶著客戶從接待室走進我辦公室的時候，我會說：「我很想跟你介紹公司的每個人，可是我們都太忙了。」當我們走過時，我會安排一些人抬頭說：「喔，嗨，我現在沒時間說話。」然後，等顧客走掉了，每個人才匆匆忙忙跑回工作崗位上，然後辦公室又空了。

排演到你精疲力盡

很多人在提案前一天晚上會做一個簡單的排演，並從中受益匪淺。但我們整套的排演會讓人精疲力盡，累到讓演員工會也罷工抗議。我有一種幾乎要算是偏執的堅持，就是要確定提案時的每個細節都經過仔細考慮。流程只要一有不順，觀眾就不會有笑聲，緊張地倒抽一口氣，或含淚觀看的反應。這全都得看時機點和你用的素材。

你陳述的每一點都要能很有邏輯而且很容易引導觀眾到下一步。這意味著你得捲起你的袖子，把細節想得很清楚。比方說，當我們在替 **Blimpie** 三明治連鎖店提廣告企劃案時，為了確定我們藝術總監應該要怎樣拿著分鏡腳本，我花了幾乎一個小時和他安排這件事。

低科技取向

壞的主意就是壞的，你再怎麼包裝都沒用。有時候煙幕彈可以掩飾二流的想法，但並沒有辦法替壞主意加分。科技耗時耗力，還很花錢，還不如改成實際可行的創意想法。低科技取向會強迫你更接近實際可行的主意。要記住：速度再快的處理器也沒辦法讓不會成功的想法一鳴驚人，連一絲機會都沒有。

從演藝事業取經會有幫助，他們生活的方式就是直到最後一分鐘，都還在重新安排所有事情。我丈夫是得獎的百老匯和電影的作曲家，也是編曲家和唱片公司的音樂總監薩勒，飾演艾力克斯・史密斯。這齣戲還沒進百老匯之前，先在全國的劇院巡迴演出，做測試並且進行表演上的調整。「我們在巡迴的時候，導演不斷的重新規劃場景，重寫對話，增刪歌舞。你可能在波士頓的一天晚上是這樣演出的，然後一個禮拜之後，在費城的表演是完完全全改頭換面了。一個精心設計的改變，一句新的歌詞，可能就意味著我得重新改編管絃樂。我們為了每一個細節苦幹活幹，但最後到了百老匯，每晚觀眾都為我們起立鼓掌。」

如果你只是在最後一分鐘，才匆匆忙忙把事情拼湊完成，不管每一個片段有多好，會議室裡的每個人最後都會汗顏，而你的客戶只會知道以後他要怎樣避免跟你合作。這樣就不是一個偉大的事業創造者。《哈佛管理交流資訊期刊》（*Harvard Management Communication Letter*）有一篇文章教人如何做提案，上面寫道：「顯然沒有足夠的事前演練是企業提案人最常犯的錯誤。『我會改進（I'll just wing it.）』是企業辭典中最可悲的四個字。」

智威湯遜的前任執行長布特・曼寧（**Burt Manning**）跟我說過一個可以完美闡釋事前排練重要性故事。當智威湯遜被廣告行銷鉅子 **WPP**（鐵絲與塑膠產品／**Wire & Plastic Product**）集團併購的時候，世界各地一些長期和智威湯遜合作的客戶決定要好好考慮他們廣告代理權的問題。

其中一個是在巴西的福特汽車集團。這個提案會議非常重要，福特汽車公司幾個高層主管親自從第爾本（Dearborn）飛到聖保羅。曼寧也飛往巴西，希望他能幫得上忙，讓大家同心協力，把整個提案流程排演熟練，提案過程是要讓對方知道他們對巴西的汽車市場有全面的瞭解。然而曼寧到得太晚，以致沒辦法做任何修正，沒辦法看到整排，沒辦法做任何事情，只能坐在客戶旁邊當觀眾，並且暗中禱告。

提案進行了十五分鐘，曼寧就知道毀了。為什麼?不是因為舞台上放錯了人。這個人是整個提案的重心，是精挑細選出來的，是這個產業的關鍵人物，他在巴西是經驗老到的汽車專家。曼寧最後被告知，這個人是唯一有充足知識做提案的人。

唯一的問題是這個會議實在太重要了，而且沒有一個流程，完全讓這個汽車專家慌了手腳。他轉身對著客戶。然後，他用非常低沉而單調，幾乎聽不到的聲音繼續讀著圖表上的每個文字和數字。現場有幾千人。其中一個福特的客戶非常有禮貌的請他講話大聲一點，結果他變得更緊張。

就算智威湯遜做得再好，也沒有觀眾能知道。曼寧說這是他在廣告界待過最痛苦的兩個小時。

智威湯遜在巴西的信譽受損，福特結束他們的廣告代理權。曼寧之後告訴我們，只要能從頭到尾，用一天的時間排練（像這麼重要的提案，這樣的排練是很正常的），就會讓一切改觀。提案應該要縮短為三十分鐘，而且要有人指導提案者，鼓勵他，並且幫他反覆排練，那麼廣告公司可能就會留住這個客戶了。

在你要提出一鳴驚人的企劃案給你的老闆，你的客戶，或是你的銷售人員之前的那一天晚上，要刺激你的團隊進入一種有點焦慮的狀態，這點很重要。把提案當成一塊蛋糕是再危險不過的事情了。自鳴得意，過度自信，準備不周全，當然無法避免失敗的結局。你得讓每個人都分泌腎上腺素，完全專注，並且提高警覺。事實上，緊張的能量能讓人提出極端的、與眾不同的、偶爾有點古怪的想法出來。

KTG集團的文案佛理德曼和許瓦茲有一次替地方瓦斯公司提出一個爆笑的點子，標題叫做「我們給你瓦斯」。佛理德曼回憶說，只有腎上腺素可以把他推進「一個巨大的審片室中，如此赤裸裸地——甚至不能帶一杯水進去——站在十四個穿著整齊，隆重莊嚴，按照職務大小排列，集中在一起留心聽你講話的審查委員面前，然後開始打屁，說笑話，跟他們提出我們的行銷計畫。」

最後，不要假定你所帶去的設備一定能用。我們就看過因為技術上可恥的失敗，以致交易不成：一個有問題的電視螢幕，會把草本精華閃閃動人的赤褐色披肩秀髮變成萊姆綠，不好的喇叭，會讓活潑的歌曲聽起來像生氣的螞蟻在合唱，或者是在會議中，我們只能讓PowerPoint的投影倒著進行——想像一下，替新企業定位的提案，結果結束點是在序言上面，那你應該也知道，這種會議能起多大的作用。

順便一提的是，在組織你的提案過程時，要節制地使用PowerPoint。雖然

PowerPoint 在某些提案中是很有用而且甚至是很重要的，但也是不太人性化的。在《紐約客》中，艾恩・派克（Ian Parker）寫道，PowerPoint 創造了世界，在那兒人們對另外一群人提案，卻沒人生氣蓬勃的討論跟他們切身相關的議題。前陸軍部長路易斯・寇德拉（Louis Caldera）抱怨說華爾街金融日報過度使用 PowerPoint，他聲稱：「人們並沒有在聽我們說話，因為他們花太多時間去研究這些複雜而不可置信的投影片。」

你就這樣想，你的觀眾多看了人口統計學圖表一秒，他就把他眼光從你身上多移開一秒，而你是個活生生的人，是你在提案。我們在提案而觀眾卻一點也沒有把目光放在我們身上，因為燈光幽暗，因為螢幕上投影片不停的翻頁。幾個月前我們在一個新的業務會議上，輪到我們的一位客戶經理報告，我們的準客戶看著她，她卻用一串 PowerPoint 的投影片疲勞轟炸他們。她的眼神沒有一次和客戶接觸。你想最後這個案子會怎樣？要準備丟掉這些投影片上一點一點的項目，這樣才能和你的準客戶面對面的，進行真正的交流。

瞭解你的觀眾

在去開會之前，一定要做好功課。你要盡可能找出所有你能找到的資料：你客戶的個人特性，他的品味，特別是他最近在煩惱什麼事情。否則的話，世界上最好的行銷創意也不會飛來。

別假定任何事

要確定你有一個作弊的單子，知道房間裡每個人誰是誰，包括在別家辦公室的同事。我在智威湯遜的一個同事就有過慘烈的教訓。幾年前，她被指派跟日本柯達的團隊做一個提案報告，他們剛從東京過來。她遲到了幾分鐘，錯過了人員介紹，這是一個致命的錯誤。她開始對一個男士介紹整個行銷計畫，這個人從頭到尾都一直對她點頭微笑。在會議之後，人家才告訴她說她剛剛是在對她的同事做提案，那位男士是智威湯遜在東京的客戶經理。真正的客戶從頭到尾在她背後，伸長脖子想要看看板子上寫了什麼東西？日本客戶只是太禮貌了，所以沒有去指正她。

舉個例子吧！克勞瑟在西北航空擔任高級主管的時候，他在找廣告代理商。他和一個廣告團隊見面，聽他們說說對於西北航空有什麼新的行銷計畫。這個團隊進門，積極而自信，開始在房間中陳設喇叭裝置。他們說，西北航空要被定位成一個強而有力的航空公司，擁有影響力和特別的標記，要做出一個比西北這個有點地域性的名稱還要更廣泛的宣傳。所以每支廣告一開始要配上巨大的轟鳴，要用你所能想像的最響亮的起飛聲，來顯示出這個擴張的公司絕對的權力。為了要示範他們的觀點，這個廣告團隊添油加醋地用了環場音效的喇叭，讓轟鳴之聲展現威力。

克勞瑟馬上知道這些人沒做功課。如果這個創意團隊很快地搜尋一下最近西北航空的新聞，他們會發現這家公司正在打一場難纏的官司。為什麼?在明尼阿波里斯，也就是西北航空的家鄉，居民投訴說噴射機太吵了，製造噪音污染。吵鬧的轟鳴聲是西北航空最不想讓消費者去注意到的事情。不用說也知道這家廣告公司沒有談成生意。

我很遺憾我們公司過去也發生類似的故事。如果我們多花點時間去瞭解我們的客戶，我們就可以避免失去一筆大生意。

■乳牛的災難

有一次，有個客戶想知道我們能怎樣幫他們宣傳一系列特別的乳品。牛奶是日用品，也就是說大部分的人都會買他們所能找到最便宜的產品。這家公司要我們想出一個策略，讓消費者相信要多付一些錢來買他們有附加價值的產品。這是很單純的要求。

然而，我們決定要想出一個宣傳策略，就是讓這家公司可以銷售幾乎各種乳製品，因為從無糖的牛奶到冰淇淋他們都有。我們覺得自己真是太有創意了，為什麼我們不能幫這家公司把全部的產品做一個重新定位呢?所以我們開始工作，想出整個新的行銷宣傳。尤其我們還把包裝重新來過。原本包裝的特徵是讓人愉快的設計，可是並沒有讓大家知道這種牛奶口味極佳，我們告訴自己。你知道我們做了什麼嗎？乳牛。KTG替整個牛奶紙盒做了美化，用乳牛溫暖、友善的臉代替了他們的商標。乳牛代表新鮮，代表剛剛擠出來的奶香，代表你希望你的孩子配著奧立歐餅乾（Oreo），一起吃下去的一切東西。

開會的那天，我們走進去，坐下。我對客戶說道：「我知道你們只要我們去想這系列產品的宣傳，但我們有很棒的想法。我們認為你們可以重新為你們每一項乳品做整個市場策略的定位。首先，我想你們紙盒需要一個新的設計。」我炫耀地揭開封面，露出了我們友善的乳牛。

但結果大錯特錯。客戶馬上起身，毫不留情地跟我們說，他從來沒有讓乳牛放在他們任何的乳品上面，然後他突然離開房間去接一通「電話」。之後他的職員充滿歉意的告訴我們，紙盒是這個人自己設計的。

我們立刻讓步，徒勞無功地試著挽救會議，同意我們並不擅長設計，我們也沒有權利干涉人家的紙盒。「可是我們真的知道怎麼做廣告，」我記得我這樣說道：「而我們很樂意讓你們看看我們想出來的東西。」很不幸的是，我們口袋裡沒有B計畫（見第九章），我們只能給他們看我們唯一的分鏡腳本。你猜到了，分鏡腳本上乳牛是主角。但不只是乳牛，而是說話的乳牛，在地鐵旁邊散著步說話的乳牛，走在街上說話的乳牛，走進屋子裡說話的乳牛……。不用說，會議最後並沒有擊掌慶功。但是我們學到教訓了：要做功課。

準備動作

就像喜劇演員要準備的笑點一樣，你也必須讓觀眾先喜歡上你。就像紐約州醫藥學校心理學臨床副教授艾琳・科罕（Ilene Cohen）博士說的：「治療跟行銷一樣，你得在情感的層次上先引人上勾，他們才會願意接受一個理性的討論，或是跟你交換意見。」讓人們進入一種願意接受的情緒，對於一鳴驚人的創意尤其重要。科罕博士闡述這個道理：「要處理認知不和諧的狀況——也就是說，要對病人提出一個和他現在的信念相去甚遠的想法——你得要慢慢地引導他們，這樣他們才不會在你一開始想要引出這個話題時，就全盤拒絕你的想法，所以首先你必須創造信任感。」

夏洛特・比爾斯（Charlotte Beers）最近是布希政府國務院主管公共外交和公共事務的副國務卿，她幾年前在廣告業擔任主管，負責替西爾斯（Sears／美國零售業）做行銷定位時，也用過類似的方法。西爾斯當時主要以銷售如電動工具和輻射輪胎這一類的男性產品聞名。當她走進會議室，她知道因為她是女性，大部分的人會馬上在她身上畫一個叉叉。她看到所有西爾斯的男士們臉上全都寫著同樣的念頭：這女的能幫我們做什麼？比爾斯只有幾分鐘來緩和這些人的憂慮，讓他們相信她可以處理得很好。

在她開始提案前，她拿出一個電鑽放到桌上。她繼續跟大家說她的行銷概念，同時一面若無其事地把電鑽拆掉，然後又把電鑽再組裝起來。她沒有一次討論到電鑽，甚至連提都沒提。這是很大膽的對策，但傳遞了強而有力的訊息：我是個女的沒錯，但是我知道你們這一行，從裡到外，都清清楚楚。所以好好聽著！

她接到這個案子了。

當然，隨時和你的客戶維持一個良好的互動是很重要的。我們其中一個創意團隊卡爾登和葛里柯，替大陸航空公司想出了著名的「做得辛苦，飛得輕鬆」的廣告：「許多航空公司許諾給你巨星般的禮遇。你認為要怎樣拿回你的行李？」以及「建立第一流的航空公司，守則第一：不要效法其他航空公司。」有一次他們和大陸航空的客戶開會時（正好當時航空公司得到第五屆 J. D. Power Award／美國汽車大獎的客戶滿意大獎），創意團隊提出一個廣告詞：「喜歡擺架子的，我們都不屑」。房間裡每個人都笑到不行了。卡登和葛里柯知道這個廣告會永遠不見天日了，但他們也知道這個提案再次讓大陸航空的成員們確知，他們瞭解該公司的精神。

效法劇場

等到真正要提案了，要找尋每一個讓大家停下來鼓掌的機會。就像戲劇表演，每一刻都必須要精心安排，這樣才不會有一秒冷場。「所有的提案都應該有娛樂性，」法國陽獅集團的集團董事長兼總裁李維說道：「因為對管理來說，每一個廣告宣傳的提案本身就是一個獎。」

會議一開始，能量的水準就要設定在一個飽和的狀態，而且要貫穿全局。如果納森•連恩

（Nathan Lane／美國演員）可以一個禮拜演出八次「金牌製作人」（百老匯歌舞劇：描寫過氣製作人 **Max Bialystock** 的故事），你當然可以站在會議講台上做一個很短的提案。我早年在一個旅遊公司的工作就需要我每天無時無刻都在表演。我發現真正有天份的演員不只是因為他們會表演，還因為他們日復一日、週復一週地表演，讓每次的演出都能新鮮有趣。你要記住。你提案的這段時間，永遠要讓你的觀眾有全新的感受，就像大部分演員所做的一樣。

要你公司裡每個人都保持專注去聽演講者說話，這樣是有幫助的。即使這個提案你已經聽了一年半載，是你公司裡面同樣一套已經熟到快爛的台詞。你覺得這聲音是多餘的而且毫無意義嗎？下次你去聽歌劇，看看裡面的小配角，就是當男高音唱著詠嘆調時，持矛站在後面的那一群人。他們沒有唱出一個音符，但是他們的專注力一直集中在獨唱者身上。他們一年要聽這傢伙演唱七十次，但每一個激動的時刻，他們似乎還是充滿了敬畏和癡迷。同樣的，你不能看起來對你自己的公司興趣缺缺。記住，你是站在舞台上的，那是表演的一部分。如果你看起來很投入，房間裡的每個人會認為他們也應該如此。

這就是我們接下來要說的重點。並非每個人都是偉大的提案人。這就是為什麼梅莉・史翠普（Meryl Streep）是明星而我們其他人只在三流的戲劇裡演一叢灌木。所以我們必須要分配給團隊成員每個人恰當的角色。羅蘋負責報告我們公司過去的成果和信條，所以她在會議這部分負責發言。我們的策略規劃者是拉森，既風趣又俐落而且能把統計圖表說得像是傑・雷諾（Jay Leno／美國脫口秀節目主持人）的開場白腳本一樣有趣。

當然最後要去談生意時，你就不能公平公正了。不管是誰想出這個創意，不管是誰最資深，只有演技最好的能去提案。有些人（當然可能甚至包括你）會被要求在會議上閉嘴好讓主秀者好好發揮。對於某些團隊成員來說，要他們去接受不能親自替自己的作品提案，是有點困難的，但你要讓他們瞭解，你們全部的人目標都一致：就是要把這個創意賣出去。

當團隊成員互動良好時，你就創造了可以激發信心的化學變化，使得你團隊中的每個人都更引人注目。幾乎每次我們幫客戶做行銷定位時，生意談成之後，客戶會問我們：「你們團隊好像真的很喜歡彼此。」對某些客戶來說，這種化學變化甚至比你行銷怎麼做更能得到他們的信任。

當然，在會議的過程中，客戶可能會因為一個巧妙的論點或是即席的笑話而打斷你表演的節奏。有時候這些有趣的反應只是意味著打破彼此之間的隔閡，但是他們也會試試看你是否有足夠的機智和快速的反應來解決這個行銷上的問題。就像在俱樂部裡面一群起鬨的人，你的客戶可能會真的問一些像「你們有多好？」這樣的問題，這時候回覆他們也無傷大雅，好讓他們知道你們是多麼機智得體的生意夥伴。

大部分的行銷會議無法吸引人，因為房間裡的每個人對你要提案的素材早已爛熟於胸。比方說，你在跟客戶概述說整個市場的競爭環境，讓他們知道你是瞭解這個產業的，或是你需要鋪陳背景資訊，引出你一鳴驚人的創意，你可能會看到房間裡大部分的人都興趣缺缺。

其實當你很容易看到低頭打瞌睡的人時，他的頭像黑莓般在那邊晃動，你就應該知道你提案表演沒什麼吸引力了。

然而，如果你讓提案加入一點演藝事業的色彩，那麼你能讓這些往往是老調牙的題材可以順利進展。舉例來說，當我們為Midas做行銷定位時，我們決定要展示一個有趣的影片，取代冗長而無趣的競爭環境分析。大衛・麥斯特是紐約市藍岩剪接公司（**Blue Rock Editing Company**）影片剪接師，他非常聰明，想出一個點子——一家虛構的公司叫做「無品牌公司（**Genericorp**）」，保證會把你的產品和其他的品牌搞混。然後他創造了一個諷刺的錄影帶，嘲弄所有沒有特色的修車廣告，在這爆笑的六十秒影片中放進了負面的評論。

尋找暗示

當你得到暗示，你就要有所警覺——是不是你的創意或是提案不夠有效。肢體語言的線索（比方說客戶瞄了一下手錶，或是打了一個沒有張開嘴巴的呵欠）可以讓你知道客戶真正的感覺，遠超過她或他用嘴巴講的。永遠要帶著一份備案計畫和另一個劇本，在會議改變討論方向的時候可以用得上。還有當觀眾對笑話沒有熱烈反應時，你也要承認失敗，再說一些笑話來打破沉默。

這個劇本由一群看起來疲憊的迴文針伴唱，配上陳舊的罐頭音樂，劇本如下：

無品牌公司很驕傲的提案：幫你的汽車修理店做廣告！

規則一：快樂的汽車修理工！讓大家看到你的汽車修理工都很快樂，不要只是拍他們在修車，要拍他們穿著光鮮的制服在修車。

規則二：大量的數字（用鏡頭拍攝出一個又一個打折後的數字）！是的沒 有什麼會比大量的數字更能讓觀眾參與其中了，特別是一些結束點在九十五！

規則三：微笑的客戶！是的，各種客戶在離開他們當地的汽車修理店時，臉上都掛著滿意的微笑，沒有什麼比這個更真實。

只要遵守這些簡單的公式，你也可以替你自己的汽車修理店做廣告了。記住，如果不是無品牌公司，那就不一樣了。

這支廣告既有趣又有效。我們幾乎已經給所有的新客戶看過，而不是只跟他們講說他們這一類產品的所有廣告都相似到讓人厭倦。我們讓這支影片更戲劇化，更難忘也更有效地說出重點。

一般在提出品牌策略的時候，通常都是用一張一張的投影片和圖表來呈現，就像看著油漆乾掉一樣的無聊。但即使是這種時候，也有機會做出戲劇效果。比方說幾年前，我們替國際牌男士刮鬍刀做行銷定位，我們知道自己的策略廣告詞：「刮鬍子的感覺實在是太糟了」可能並不討好。但這樣的事對國際牌來說已經不是新聞了，他們曾經花了幾年的時間，廣告他們的刮鬍刀能夠帶來真正享樂的刮鬍經驗。但眾所周知的事實是，這種世界上最快的刮鬍刀確實比其他競爭者的廠牌會刺激皮膚，每天要做的例行公事因此「沒有快感」，不過這個廣告已經結案了。反正刮鬍子也不是什麼要緊的事，我們知道與其用消極的態度來提案，還不如用輕鬆愉快的方法，以免我們的客戶從第一張 **PowerPoint** 的投影就不讓我們過關了，所以我決定用唱歌而不用說話的方法來提案。

我若無其事的把我四十磅的三葉電子琴放到大腿上，八個 **KTG** 的男性員工在我身後當合音，我們開始唱出我前一天晚上設計出來的曲子，告訴他們我們要如何把產品打進市場。

刮鬍快感，刮鬍快感，就像護創貼步貼上來，
為什麼一半的人種，要把他臉上的毛移除？
刮鬍快感，刮鬍快感，我願意花上一百萬，
讓我皮膚像埃及豔后一樣，但之後我要用什麼樣的古龍水？
刮鬍快感，刮鬍快感，這是沒得選的基因或然率，
我在當男人的其他時候是如此完美，
我可以為你放下馬桶座，

從休息室把垃圾拿出去倒，
但請不要再讓我刮鬍子了。

國際牌的客戶馬上被我們小小的音樂表演吸引了。他們之後告訴我們說，我們的提案方式顯示了我們有才華和活力把想法轉變成偉大的創意時刻。我們的表演馬上讓他們把我們放到考慮合作的名單上，而名單上的競爭者並不多。這樣的表演也說服國際牌更注意我們所提出的行銷素材，最後我們贏得這筆生意。

最後很重要的是，要把提案最精采的部分留到最後。就像戲劇或是電影，只要你猜到結局，你就會失去興趣。同樣的，你也要等到最後才讓一鳴驚人的創意亮相。你的目標是要讓懸疑持續，讓觀眾坐在椅子的邊緣，即使這個椅子皮製的靠墊很舒服。我們從來不會發給客戶提案手冊、分鏡腳本，或是任何會轉移他們注意力的東西，也不會讓他們在最後一幕之前猜到我們的結局。我們要讓他們親自體驗一鳴驚人的感覺，而不是在投影片上用一點一點來陳述。就像品牌顧問公司 Interbrand 的小組總監多爾曼說道：「你要讓他們跟你經歷一樣的旅程，一起經過分析的過程一直到最後的發現。」

當你最後揭露你精采的洞見，你可以做兩件事情：你可以告訴他們你有多聰明或是多有創意；或者你就是聰明而有創意的（因為你閉上了嘴沒有自吹自擂）。就像喜劇一樣，我可以告訴你羅賓・威廉斯（Robin Williams）是世界上最有趣的人之一；或者是我可以告訴你他最近所說過的笑話，因為笑話本身就是最好的證據。

安可之後的演出

每一次和準客戶的會議必須要進行到底。你要傳達出對他們的產業抱有很大的熱情。就像在任何表演的場合，安可曲會是你留下來的最後印象，所以這就是為什麼安可曲的表演必須要特別精采。最近重新上演的百老匯歌舞劇「音樂世界」（The Music Man）由蘇珊‧史多曼（Susan Storman）精心安排，結束的時候全部的演員帶著自己的伸縮長號表演「七十六支伸縮長號」。

我們很努力地想出引人注目的安可曲。當我們去幫冷井銀行（Coldwell Banker／美國公司，全世界前三大房地產公司）做行銷定位時（這家公司是美國最大的房產經紀公司，專門銷售高檔的房子），我們知道自己已擠身如智威湯遜、葛瑞廣告（Grey Advertising）、全球 McCann-Erikson 公司等等的第一流廣告公司之列了。

這支廣告主要的特色是我丈夫薩勒所編的探戈的廣告歌，而我厚著臉皮在會議中載歌載舞，雖然如此，我們知道，在他們最後決定給哪一家廣告商代理權之前的幾個禮拜，我們需要再演出另一個歌舞娛樂他們。

羅蘋想出了一個絕妙的點子。這家公司的總部在紐澤西州的 Parsippany，從曼哈頓到那兒大概只要四十分鐘，所以我們注意到他們全都是《紐約時報》的讀者，不用腦袋也知道房地產業者打開報紙首先會注意到哪一版。在我們最後一次會議之後的幾天，冷井公司的客戶在《紐約時報》的房地產廣告上瞄到一則廣告：

最棒的新家

從Parsippany市區到此只要五十分鐘

晴朗明亮的創意工廠，有著非凡的才能與風格，還有更多一鳴驚人的行銷計畫。加速你通往一飛衝天的世界，讓你的想像力（還有事業）翱翔。溫暖歡迎的氣氛。位於交通方便的中城。充滿庫存的冷藏室。

打電話到**Kaplan Thaler Group**

接洽者**Linda**

他們回覆了這則廣告，打電話給我們，並且把廣告代理權交給我們。

一旦你要推銷你一鳴驚人的創意，你就要做得好像你真的在做了，然後達成任務。不過事實上，你還有最重要的工作在前面等著你。**你怎麼去執行每件事情，決定了這個創意是成還是敗，這全都要看細節的處理。**

第8章

苦幹實幹

從一鳴驚人的想法，到真正能夠一鳴驚人還有很長的路要走。想法還不算產品或是行銷宣傳，只是一種有爆炸潛力的東西，一個必須去實現的概念。

從一鳴驚人的想法，到真正能夠一鳴驚人還有很長的路要走。想法還不算產品或是行銷宣傳，只是一種有爆炸潛力的東西，一個必須去被實現的概念。有能力提出很棒的想法是無價的——畢竟，光是講這個，我們就已經用去前面那麼多章節了——但這只做到了一半。一鳴驚人的想法必須用毫無瑕疵，堅定不移地態度在每個細節把它執行出來，這樣才能在業界一鳴驚人。

對於藝術家和設計師在細節上的品質保證，每個人都五體投地。亞曼尼的黑色晚禮服跟在發林地下商場（**Filene's Basement**／全美第一家折扣商場）販售的六十九元仿冒品可能都有縫工，但你會把其中一個看成淑女名媛，而把另一個當成浪女。我們相信行銷也是一樣的。

一個概念如何去執行可以導致整個行銷宣傳的成敗。就像漢威聯合國際公司（**Honeywell International**）前任執行長以及暢銷書作者，賴利・包熙迪（**Larry Bossidy**）和瑞姆・夏藍（**Ram Charan**）在《執行力：沒有執行力，哪有競爭力》（*Execution: The Discipline of Getting Things Done*）這一本書中提到的，「執行力必須成為公司策略和目標的一部分。執行力可以讓你所渴望的成果獲得實現。」如果領導者忽略了細節，就像「蓋房子不打地基一樣」。

KTG集團整個資深管理團隊對細節注重得不得了。這是因為多年來成功的（當然還有一些不成功的）行銷經驗。比方說，只要有人寫了歌，我們對於混音的人就非常重視。畢竟，如果沒人能聽到，這算什麼偉大的廣告呢。我們相信，只要是行銷宣傳，團隊工作的倫理有其必要，我們會非常小心地藉著仔細檢查過程中的每一個步驟來設定工作的調性。唯有公司的每個人都在每個小地方苦幹實幹，那麼你那一鳴驚人的想法才不會在這些細節上給搞砸了。

接著讓我們看看如何確保每個環節都沒問題。

成為一個斤斤計較的經理人

「斤斤計較地執行一個計畫」有時得要背上不肯授權的罪名。從紐約到紐西蘭的企業文化普遍不屑這樣的行為，大家都認為斤斤計較的經理人阻礙了有創意的想法，也讓員工失能。

此外，一般都認為斤斤計較的經理人會被本來應該留給年輕職員去處理的瑣碎小節所困住，而失去了宏觀的視野。這也許是行銷主管最大的迷思。事實上，正是這全部的瑣碎小節決定了你是不是能成功地創造一鳴驚人的效果。

許多資深主管喜歡自詡為一個決策規劃者，宣揚說決策需要天份，而執行只是要把事情完成而已。結果呢，他們傳遞給他們員工的想法就是要往上爬的話，意味著只要大筆一揮，把公司的藍圖規劃出來，然後就把細節丟給屬下去做。這種小事不值得浪費他們的時間或專業技能。坦白來說，我們完全不同意這種做法。

想像一下新印象派畫家喬治・秀拉（Georges Seurat）畫了《大碗島的星期天午後》（*A Sunday Afternoon on the Island of La Grande Jatte*）這幅圖的素描之後，然後就把東西交給學生來點描出整幅圖的色彩，那這幅圖最後就不可能是偉大的藝術品。但太多公司的行銷主管都是這麼做的，就像包熙迪和夏藍在《執行力》中所指出的：「聰明的、善於表達概念的規劃者不一定知道怎樣去執行。很多人不知道把想法轉換成具體的任務中間需要做些什麼。」

潘婷現在是世界上最暢銷的洗髮精，這個品牌在一九九〇年代就因為廣告拍攝的細節而成功了大半。寶鹼的執行長麥特西說這個宣傳讓潘婷成為價值十六億美元的企業。主要是大量的系列廣告，用各種不同且讓人吃驚的方式來拍攝美麗的頭髮，把頭髮打結，在攝影機前面把頭髮放下來，把頭髮拉到沙發的後面。麥特西說：「怎麼拍頭髮是至關緊要的。相信我，這是一門藝術。如果有一點點小瑕疵，可能就沒有用了。除非你把細節執行到如此完美，讓人驚歎並把故事完成，否則你可能就錯失一鳴驚人的機會了！」

玩具反斗城最近決定讓長頸鹿傑佛瑞重新成為它的代言物。美國李奧貝納（**Leo Burnett**）廣告公司的創意總監奇利・伯爾曼（**Cheryl Berman**）負責這個客戶。他把傑佛瑞的毛，笑容和表情的圖畫傳真給玩具反斗城的執行長約翰・艾勒（**John Eyler**）看。伯爾曼說，艾勒知道這個形象事關重大。長頸鹿必須看來真實可信，還要有幽默感，艾勒要確保每個細節都是對的。

事實上，許多我們偉大的行銷天才都有一個特徵，就是注重細節。廣告大師比爾•伯恩巴克（Bill Bernbach）做出了知名的廣告，如福斯金龜車「想想還是小的好」和喜瑞兒「麥奇（小男生的名字）」。他最出名的就是，比方說他看到一份已經很短的廣告文案，還會大聲嚷嚷：「再把它搞短一點！」

寶鹼的總裁拉夫雷知道看起來無關緊要的細節會導致品牌的成敗。他最近經過希臘，那兒有一間家用品店。他想知道為什麼寶鹼公司的Swiffer拖把沒有在那兒販售。很快的在走道上巡了一遍，拉夫雷發現原因了：Swiffer拖把被塞到後面一個沒人看得到的角落。和店老闆聊過之後，拉夫雷把拖把放到可以站立展示的地方，這樣顧客就完全不會忽視它的存在了。有些人可能會說這真是斤斤計較，我們卻要說這是為什麼拉夫雷接管寶鹼之後，這家公司的股票就像火箭升空一樣，從每股五十七元升到現在每股九十元。我們學到的就是：不要因為位子大了就不去「想小的」。

讓細節點燃一鳴驚人的導火線

當你斤斤計較時，你創造的細節就能夠引發消費者的反應並且抓住他們的注意力，我們稱之為關鍵時刻。這時候一個簡單的元素會突然跳出來，用一種很有創意的方式呈現出你想法的精髓。

比方說，《歡樂單身派對》播出爆笑的一集，傑瑞和他朋友在聊天時一直重複"yada，

yada，yada"，用這個詞把不重要的事情省略，之後這個字就變成我們文化中的俚語了。其他類似的詞句如「給我賺錢，其餘免談」（征服情海）「坦白說，親愛的，我根本不在乎。」（亂世佳人）「休士頓，我們有麻煩了！」（阿波羅十三）簡潔的警句可以馬上畫龍點睛，在消費者的心中**"yada，yada，yada"**就是通往品牌的捷徑。

這樣的關鍵時刻很少會出現在原始構想或是行銷企劃中。往往所有抓住大眾眼光的細節都要到執行的過程中才會出來，也就是在概念已經產生並且被認同之後。事實上，這些關鍵時刻往往是製作過程中隨機的聯想。

舉個例子，在一九八六年，六美元汽車旅館（美國最便宜的連鎖汽車旅館）的代言人湯姆・波迪特（**Tom Bodett**）（播音員）正在錄製一系列由達拉斯的理查廣告代理商（**Richards Group ad agency**）所做的廣播廣告。廣告文案小組想出了一些充滿了美國南方鄉下式的幽默腳本，配上波迪特鄉土的口音可以完美地把這系列簡單樸素的廣告搞定。一切都很順利，直到一個劇本錄完了，帶子還有幾秒的時間，波迪特為了要填滿它，馬上即興演出：「我們會為你留盞燈。」

這種鄉土的路線讓整個品牌給人一種溫暖而舒服的感覺，你甚至會認為應該把六美元汽車旅館放到地圖上。這成為這家公司非常突出的特色，整個連鎖體系從大約四百家汽車旅館成長到如今的八百家，而且是美國平價連鎖汽車旅館中的領導品牌之一。結果這個廣告本身獲得了超過一百五十個獎，包括八個克里歐廣告大獎，並且讓波迪特個人的事業更上層樓。

如果對的人沒有在一旁注意的話，像這樣偉大的創意關鍵時刻可能一下就不見了。如果我們在辛苦的執行過程中沒有全神投入，我們可能永遠也無法參與到艾弗拉克鴨「獲得」它的個性那至為關鍵的一刻。在製作「公園長椅篇」時，也就是第一個艾弗拉克廣告，拍攝兩個同事在休息時間午餐的那支，我們當時就知道鴨子是一個很棒的想法。我們已經有足夠的測試結果告訴我們這個廣告可以幫助艾弗拉克變得更有名。

然後導演湯姆・路斯登提出一個建議。他說，如果這兩個人在吃三明治，為什麼不讓其中一個漫不經心地丟一塊麵包屑給鴨子，然後在最後，艾弗拉克鴨大膽地把麵包屑踢回去給他們。

我們一聽到這個，就知道我們已經在整個行銷宣傳的關鍵時刻了。就是這個，鴨子大膽地一踢，他整個性格便形成了，而整個廣告最重要的訴求點也形成了：鴨子有一個很重要的訊息要跟大家說，但因為沒有人聽，所以牠很不高興。這個廣告把鴨子從溫馴的有羽毛的吉祥物變成一個有主張的、帶種的生物。

最後結束在鴨子的個性上，給整個行銷宣傳帶來一點尖銳的幽默感，這也變成之後每一支系列廣告所必須有的指標：不管鴨子是在呻吟，還是在踢東西，或者因為沮喪而吱嘎亂叫的時候，都要顯出牠那桀傲不馴的表情。

假如我們是那種把廣告的執行丟給資淺員工去做的那種公司，可能永遠不會產生這樣的結果。路斯登可能還是會提同樣的建議，但資淺的執行者可能會一下子就否定這個主意，因為他們會害怕要把已經定案的劇本又做改變。正因為如此，我們用湯姆和艾瑞克這樣非常資深的團隊來做這個工作，他們可以立刻發現這個細節而且能夠把好的想法變成更好的想法，事實上，是變成一鳴驚人的想法。

其他許多很棒的行銷宣傳都是在簽約之後，開始在執行細節的狀況下發生的。青少年偶像史蒂芬讓大家相信這個國家的人都想得到戴爾電腦（Dell）；在二〇〇〇年，這個行銷活動剛開始的時候，他並沒有那麼紅。之後戴爾把他們的廣告代理轉給芝加哥的伊登廣告（DDB／Omnicom旗下的廣告公司），伊登的工作人員決定要加一句廣告詞：「痞子，你居然有戴爾？」賓果！當廣告公司要讓大家知道：戴爾很酷，關鍵時刻就形成了！這句廣告詞意味著你得到的可不是什麼破爛舊電腦，事實上，你得到的是最頂級的，棒到不行的硬體設備。你得到了一樣你朋友會忌妒得要死的東西，一樣青少年首選的東西。而這句話"Dude, you're getting a Dell."中，Dude和Dell又有雙聲（頭韻），所以就更好記。如果說「痞子，你居然有惠普（Hewlett-Packard）？」唸起來就不合。

史蒂芬一炮而紅，在他的網站上販賣一系列痞子的服裝。《品牌週刊》（*BrandWeek*）說這個行銷宣傳已經是最成功的廣告之一。這也是為什麼在二〇〇二年第二季，其他企業萎縮了百分之四，戴爾的銷售額卻躍升了百分之十八。

一九七〇年代，摩斯在Wells, Rich, Greene這家廣告公司，他的團隊想出「我愛紐約」這個概念。每個人都佩服不已，因為這句廣告詞完美地掌握了當時的國族感情：確實沒有地方像紐約一樣，即使這地方垃圾工人罷工，預算赤字幾乎和大部分小國家的年國民總產值一樣多。這個行銷宣傳卻完全改變了大家對這個城市的觀感。

然後知名的造型設計者米爾頓・葛勞瑟（Milton Glaser）同意根據這個廣告宣傳幫紐約州設計一些海報。他帶著一批海報到 Wells, Rich, Greene 公司，勞倫斯（**摩斯那時候的老闆**）在《在廣告業的大生活》說：「當我們看到這些海報，在那邊叫來叫去的時候，他從他的口袋拿出一張紙，然後說：『我喜歡這個，你覺得怎樣？』他拿給他們看的是在紙上用潦草的線條畫著『我♥紐約』。」

在那一刻，摩斯的行銷宣傳就要一鳴驚人了！藉著把字改成符號，整個句子變得讓人覺得有參與感。不是只是把東西交給你，它讓你參與其中，你得要花心思閱讀它。這個眾所週知的圖畫卻說了千言萬語：這個特別的心型符號確確實實傳遞了一個隨機的，到處可見的，情人節那種愛，那是有感染力的。勞倫斯說：「半個地球都複製它，換上他們自己國家和城市的名字，或是用漢堡取代紐約。」

慢工出細活

偉大的關鍵時刻不會說來就來。事實上，常常可能在最後的幾分鐘，等到你以為應該要結束了，這才曙光乍現。這就是為什麼我們主張在執行的過程中，要盡量拖延，聽起來好像有點矛盾。但在每次行銷宣傳的執行過程中，你要認定必然有某個一鳴驚人的東西要出來。

即使你本來的想法可能很好，你也一定要放開心胸，讓細節有更多的可能性和其他改進的方法。絕對不要貿然地緊閉心門，你需要有變通的心態讓更好的東西進來。延緩計畫的完成，你就可能因為某個細節突然出現而增加一鳴驚人的機會。

我在智威湯遜這家廣告公司的時候，創意總監葛雷・溫斯契克（Greg Weinschenker）和我曾經拍攝漢堡王的廣告。我們已經寫好了廣告詞，宣傳漢堡王新的沙拉，這種沙拉可以放在盤子裡吃，也可以夾在麵包裡。我們的創意是訪問了不同的人，問他們說：「你想要放在盤子裡還是夾在麵包裡？」我們得到了很多有趣的答案，足夠做成一支吸引人的廣告，但我們堅持要多拍一些人看看可不可以有更好的東西。拍到差不多要收工了，我們訪問到一個人，他不知道麵包（pita）是什麼。當我們問他要盤子還是要麵包時，他回答說：「彼得，他是個好人！」就是這個，我們要的關鍵時刻。最後是這個細節讓廣告在大眾文化中一鳴驚人。「彼得」一舉打進喜劇俱樂部，甚至最後在夜間的脫口秀中成為主持人開場的台詞。

菲爾・德森貝瑞（Phil Dusenberry）最近讓我們想起一個拍攝百事可樂的故事。回到幾年以前，他的團隊寫了一個叫做「保安照相機」的廣告。用粗粒子的黑白片拍攝一個可樂銷售員在小吃店進貨，進了一堆汽水。最後，他把玻璃門擦乾淨，注意到旁邊的百事可樂的罐子。鬼鬼祟祟的張望了一番，他抓住罐子，大口喝下百事可樂。突然他往上一看，發現保安照相機已經錄下他每一個動作。螢幕轉黑。

在拍攝的過程中，BBDO的工作團隊在泰德・聖恩（Ted Sann），也就是黃禾紐約的創意執行長的領導之下，覺得結尾不夠精采。

事實上，這可能使整個廣告失敗。就算這是個很好笑的想法，無趣的結局會讓整個笑話的力量削弱，所以他們想出了一個新的結局：當可樂推銷員想把他的百事可樂拿過來時，整箱的可樂罐像瀑布一樣的滾到地上。可樂罐像尼加瓜拉大瀑布一樣團團滾落，不只被保安照相機拍下來，也馬上吸引了店裡每個人的注意。

這個結局辦到了兩件事：不但讓你發笑，也把廣告所要傳達的最重要的訊息包含在其中——看看，是誰在喝百事可樂啊！首先概念就要好，德森貝瑞說道：「那一碰，讓一切都不一樣了！」這支廣告在美式足球超級盃大賽時首播，並且在《今日美國》的調查中，被票選為美式足球超級盃第一名的插播廣告。

當我在智威湯遜擔任一個小組的創意總監時也有類似的經驗。資深廣告文案撰寫人納歐米・諾爾曼（Naomi Norman）替雀巢Toll House寫了一個叫做「請不要吃光所有美食」的廣告。影像的部分敘述母親與孩子，丈夫和妻子很快樂地一起做著巧克力脆片餅乾。然而當他們在烤餅乾的時候，他們猛吃巧克力脆片，到最後只留下一堆沒有味道的餅乾。

可是當我們到錄音間錄製廣告歌的時候，廣告的幽默感一直出不來。由薩勒編曲，朗朗上口的廣告樂句，唱出來是很可愛，但沒什麼特色，歌聲聽起來就像這些沒有脆片的餅乾一樣平淡無奇。所以我們要唱歌的人開始用一些不同的聲音亂唱一番，用鄉村歌曲，搖滾樂和百老匯的方式去試試看。我們的歌者突然靈機一動，用非常誇張的歌劇聲音來詮釋這個廣告樂句。這個男低音華格納式的演出，讓錄音間每個人都笑翻了。

雖然他是開玩笑才這麼做的，我立刻看出把誇張的詠嘆調和無辜的 **Toll House** 餅乾放在一起，會有多好笑。歌劇式的演唱風格正是引起人們注意的細節。這種自鳴得意的蠢樣正是我們要的調子，這樣的調子滲透到每個偷吃最後巧克力脆片的人身上。所以我們就這麼做了，這個廣告顯然很成功。

不要讓細節毀了一鳴驚人

在行銷的過程中，任何一個微小的細節不對，最後你可能什麼都沒有。只要一個小小的失誤，就會毀了全局。我要跟你說一個充滿警世意味的故事，在這個故事中，一億兩千五百萬美金一個子兒不少的消失在太空中。

一九九九年，美國太空總署（**NASA**）發射了一個火星軌道者號／火星氣候軌道太空船（**Mars Climate Orbiter**），企圖在這紅色星球上蒐集資料。在九月二十三號這天，太空船消失了。是因為機械上的失誤而自毀了嗎?是因為設計上的瑕疵?還是因為不小心和流星相撞了?都不是，只是一個很簡單的錯誤。太空總署的科學家假定某些製造商的度量單位是米制的（**公制的，公尺公里而非英呎英哩**），但他們錯了。就是因為這樣小小的疏忽，太空船停止在軌道上運轉，而且永遠消失在宇宙中。

幾年前通用汽車（General Motors）做了一件類似的蠢事。他們想在墨西哥賣Chevy Nova這款車，這款車價格很好，他們認為會吸引整個國家的家庭想買。他們讓引擎的聲音悅耳，而且確保每個輪子都調到正確的位置。但他們忘了一個細節，他們完全沒有花心思去檢查Nova這個字。在西班牙語中Nova的含義大概是「哪裡都去不了」。福特汽車也幹過同樣的蠢事，他們要在巴西賣Pinto這款車，最後才發現在葡萄牙語中Pinto意味著「微小的陽具」。

很重要的一點是經由廣告、展示或行銷宣傳所反射出來的任何形象都要確保品牌血統的純正性。就像一面鏡子，你把它摔成幾百片，你還是可以撿起其中一塊，從中看到你的整張臉。不管你怎樣去切割你一鳴驚人的想法，每一刻都必須完整再現整個品牌的形象，否則整件事可能會毀了。

就是抱著這樣的理念，我們根據草本精華「全然有機的經驗」寫下了整個教育指南，讓一鳴驚人的概念有一個綱要。如此不管我們廣告是在紐約拍，或者是新加坡，這份指南都確保了廣告會再現草本精華純正的血統。想想看藝人辛納屈（Sinatra）戴著他正字標記的帽子，總是以一個特定的角度亮相。他就是他自己的活廣告，這風光的幾十年來，他從來沒有在他創造的品牌形象中出軌演出。這也是為什麼他一直以來，都被認為是美國流行歌手的典範。

在任何和消費者接觸的時刻，你都得確定一鳴驚人的訊息有呈現出來，否則的話，整個品牌就失去血統的純正性。我們看看**Gap**（美國知名服飾品牌）發生了什麼事情！在一九八○年代，**Gap**從位於舊金山一個家庭生產的商店變成一個全球化的現象，**Gap**幾乎和傳統是同義詞：棉質的白襯衫、粗斜紋的棉布褲，以及牛仔褲。但是，接下來的幾年，**Gap**因為跟著流行太過頭，再加上失去了「在美國人人都這樣穿」這個觀點，以至於失去吸引力。

二○○一年的秋天，在高盛零售會議（**Goldman Sachs's retail conference**）上，執行長米賴．崔斯勒（**Millard Drexler**）說道：「我們改變的太多、太快，並沒有堅持我們的品牌路線。」損失慘重的二○○一年過後，崔斯勒辭職了——因為淨收入從一九九九年一百一十二萬七千美元的高點掉到二○○一年的赤字。股價也從歷史性高點每股五十美元，慘跌到二○○一年冬天的每股十元。現在，**Gap**已經「揚棄這幾年高度跟隨流行以至於流失了原本傳統客戶的作風」，《金融時報》（*Financial Times*）說的，試著用傳統的路線重建原來品牌的純正血統。**Gap**並不是因為在策略上有戲劇性的改變，或者見風轉舵地販售其他的商品，只是它沒有堅持原本一鳴驚人的初衷，做了一點細節上的改變，就失去它的吸引力了。

不要讓任何一個細節走樣。艾瑞克．雷克斯（**Eric Lax**）在《伍迪艾倫傳》（*Woody Allen: A Biography*）中指出艾倫非常努力地工作，確定每個動作都是純粹伍迪式的。雖然看起來好像是即興演出一些他做慣了的事，但事實上並非如此。「每一個步伐，麥克風線的振動，以及那種好像在一瞬間忘記台詞，卻說出妙語後，似乎是自然而然地拿下眼鏡揉揉眼睛，都是表演的一部分。他知道自己在哪裡，也知道每一刻他確實該做的事情。」當艾倫可能用一種即興演出作為素材時，他會反覆練習直到排演都正確無誤。

當我們在拍攝廣告的時候，我們也是一遍又一遍的重來直到我們認為每一刻都正中目標。我們的艾弗拉克鴨可能識字不多，他發出「艾弗拉克」的方式是很微妙的，所以我們請兩個演員來配音：每支廣告一開始，鴨子比較溫和，由我們的藝術總監艾瑞克・大衛來幫我們詮釋鴨子的聲音。當鴨子開始不爽了，你就會聽到喜劇演員吉伯特・葛弗里德（Gilbert Gottfried）刺耳的叫聲。

湯姆・福特是Gucci的小組的創意總監，他也認為每個細節都對品牌的純正血統有貢獻。當福特領導創意發想時，他恰如其分地確保公司重要的策略——重新把GUCCI塑造成一個熱門的流行品牌。結果他重新整頓，在公司中做了很多改變。福特同時也很專注在每一刻每個細節上。

當Gucci為新的香水或產品舉辦開幕酒會時，福特竟然會在音響的音量表上面劃線做記號。他知道低音部分必須大到讓每個參與酒會的人，在進門的時候都被撼動到，但又必須要夠柔和，這樣人們聊天時才不會大聲說出：「她的眼睛有整過嗎？」這類的八卦，在Gucci的每一刻都是精心設計過的。

細節造就了一鳴驚人這一點必須銘記在心，並且要讓整個公司都知道：本來可以避免的那些錯誤可能會毀了整個一鳴驚人的想法。也就是說，你不能深呼吸然後放鬆。相反的，你最好假定災難潛藏在每一個角落……。

第9章

假定最壞的情況

在KTG集團裡，我們處於一種戒慎恐懼的狀態，相信每個一鳴驚人的想法都可能會失敗。唯有假定最壞的情況，我們才有勇氣去做任何事情。

戒慎恐懼，是件好事。事實上，戒慎恐懼，很可能是企業最強大的力量。我記得幾年前在《紐約時代》讀到一篇跟楠塔基特純果汁（Nantucket Nectars）企業集團有關的文章。這是一個讓人印象深刻的故事，用船載運賣了八年的蜜桃汁之後，大學好友湯姆・佛斯特（Tom First）和湯姆・史考特（Tom Scott）開始經營一個總收入三千萬美元的公司。是什麼東西使他們繼續下去？當然是聲譽和運氣。但有另一個原因：從未消失的恐懼。佛斯特對《時代》說道：「我們仍有不眠之夜，因為我們依舊會害怕會失去一切。」

我們已經發現，在創造行銷奇蹟的過程中，以悲觀為藥是對於未知最好的解毒劑。雖然你不想打擊你工作夥伴的信心，但要確定能夠一鳴驚人最正面的方式就是強調負面的部分。為什麼？

戒慎恐懼能夠刺激創意。諷刺的是，恐懼是唯一強大到可以激勵人們去冒險的力量。假定最壞的情況就能引起足夠焦慮，來刺激整個團隊孤注一擲，把賭注放到一個備受爭議但會「出乎意料之外」的想法。當我們要為企業想一個新的案子，我總是對每個參與計畫的人說：「我們什麼都沒有，我們要的完全不在我們的腦袋中。」當然，我在這個產業已經很久了，知道我們一定會做出來的，但我要每個人感覺到，一切都看他們的了，也只有他們了。因為害怕會弄出不好的東西，每個人都會假定如果他不付出全副的心力，我們就全都沒戲唱了。

恐懼是對付各種障礙最根本的武器。比方說，當一個品牌注定要被淘汰了，客戶會願意冒險去做可能一鳴驚人的行銷創意。草本精華就是個典型的例子，如果這個品牌沒有危機，當我們替他們工作時，客戶可能會堅持要做標準可靠的東西。當我們接這個案子時，狀況慘到不能再慘。每個參與這個案子的人都知道，我們需要一個極端的廣告才能讓這個品牌起死回生。

最後，只有恐懼才能讓你不會成為你自己成功的犧牲品。太多行銷專家認為只要成功地做出一鳴驚人的案子，他們的任務就結束了。我們相信「小時了了」，只是一個起點而已。如果你要一直保有成功，你就不能對以前的成就沾沾自喜。在 **KTG** 集團裡，我們處於一種戒慎恐懼的狀態，相信每個一鳴驚人的想法都可能會失敗。唯有假定最壞的情況，我們才有勇氣去做以下的事情。

把問題轉變成解決之道

一般來說，當行銷或廣告人開始替新的客戶工作，第一步便是確認品牌的首要問題——沒人能記住品牌名稱？在同樣的產品中處於劣勢？消費者覺得太貴了？接著他們試著解套，也許是掩飾這個議題，也許是把消費者的注意力轉到其他的地方。不過從很多例子可以看出來，比較好的解決方式正好相反——是去把問題突顯出來。

舉個例子，**Target** 一直很想在曼哈頓搞塊地弄個大賣場。但因為他們是零售業，需要很大一層空間來儲存貨物，這在紐約根本不可能，就像在傾盆大雨的時候要招計程車一樣。但這家公司有絕佳的逆向思考，認為銷售方式可以是漫無邊際的，就像是紐約人一樣多樣。然後看看他們做了什麼？他們突然停下來看看曼哈頓島，然後開始看看圍繞在這個島旁邊的是什麼：幾哩又幾哩免費的狹長水道。突然間他們就搞出一鳴驚人的想法：在船上蓋間店。這只是一個可以移動的臨時房屋——二〇〇二年，聖誕節的前兩週，這艘船停泊在 **Chelsea** 六十二號防波堤——但這個概念是行銷天才的驚人成就。一夜之間，這個故事成為這個城市所有報紙和新聞大肆宣揚的頭條。人們必須要排隊進入才能買東西。這是很棒的行銷手法，在這一刻真是一支強心針，**Target** 確實在曼哈頓找到地方了

感覺不好是好事

永遠不要勉強自己接受一個你沒有感覺的想法。當你想要打破所有的規則，你可能會緊張不安。在 **KTG** 集團裡，我們期待掌心冒汗、心跳不規則、偶爾的情緒失控。這些都是一鳴驚人的創意要冒出來的徵兆。

曼哈頓本身是另外一個例子。問題在哪？在這裡做生意很貴。但是紐約市長彭博（Mike Bloomberg）——想想如果沒有企業納稅人，他的工作可能會更辛苦——最近在洛克斐勒大學（Rockefeller University）的一個經濟學會議上跟大家推銷一個特別的觀點。他告訴與會的企業主管：紐約「是高檔貨，甚至是奢侈品。」彭博把成本問題轉變成賣點。你怎麼知道紐約是世界上做生意最好的地方？因為它貴。你的付出會有收穫的。

幾年前，東尼・班尼特（Tony Bennett／爵士歌手）又復出了。只因為他兒子決定要善用讓班尼特成為唱片公司票房毒藥的東西：他已經過氣了（把他的過氣轉變成賣點）。

在一九七〇年代末期，班尼特的事業一蹶不振。迷失在嘻哈的世代，班尼特所能做的就是體面的退休。但是他的歌手生涯很不幸的有個汙點，他的財務有嚴重的赤字。多年來，他過著奢侈的生活，這使得他陷入債務危機，而美國稅務局緊緊盯著他追討欠稅。他的兒子丹尼決定要重新整頓班尼特的事業。

小班尼特決定要把焦點放在他爸爸是瀕臨滅絕的物種，是唯一一個從搖擺樂黃金時代存活下來的歌手。小班尼特注意到小古辛（Bob Cuccione／通用媒體主席、閣樓雜誌創辦人的兒子，音樂雜誌《旋》的發行人及總編輯）在地方報紙曾經提到東尼・班尼特是音樂界的「精華典範」。小班尼特打電話給古辛，請他在古辛當紅的音樂雜誌《旋》上面刊登一篇介紹他爸爸的文章。不久之後，東尼・班尼特參加MTV的音樂大獎，而他向辛納屈致敬的專輯《完美的法蘭克》（Perfectly Frank）變得搶手。東尼・班尼特的問題轉變為解決之道，他是另一個世代的，這也是為什麼年輕的一代不瞭解他。

許多公司都把問題轉變成解決之道，就此一鳴驚人。

比方說，李施德霖漱口水，總是讓每天一開始就有一點苦味。但是回到一九七〇年代，李施德霖的廣告代理商智威湯遜公司找很多人來漱口，把它可怕的味道當成是首要的賣點。「我們想要試試看是不是可以阻擋Scope（味道比較好的漱口水）來瓜分市場，Scope幾乎要行銷全國了。」伯尼・歐威特（Bernie Owet）回憶道，他是智威湯遜負責這個客戶的資深廣告人。在這之前，李施德霖的味道總是很委婉地被說成是「口味強烈」，歐威特說道：「就在那個時候，這種說法已經沒用了，所以我們決定正視這個問題，直言不諱地說它味道很糟。」李施德霖漱口水刺激的味道證明它強到可以讓最難聞的口臭消失。結果呢？漱口水飛出架子，說出了廣告文案南・迪倫（Nan Dillon）寫的名句：「味道讓你咬牙切齒，但一天要兩次（The taste you'll hate. Twice a day.）。」歐威特自認這可能是李施德霖在本世紀最讓人難忘的行銷宣傳。

幾年前，路易斯安那州的威名百貨商場（Wal-Mart store）要解決店內扒竊的問題。經理決定設立一個接待員在商店入口處。接待員是一個年長而親切有禮的先生，讓小偷緊張而顧客感覺受到歡迎。柯林斯和伯樂斯（Porras）在《基業長青》中這麼說著：「這個臨時的試驗是有效的，最後整個公司都一致這麼做，這也成為沃爾瑪的競爭優勢。」這個動作也是沃爾瑪理念具體而微的呈現：我們是媽媽和爸爸的大賣場。

最近我們要為 Ruby Tuesday 做行銷定位，我們抓住了一個可能被認為是負面的議題：這家連鎖餐廳已經有三十年歷史了，他們卻從來沒有真正做過什麼廣告。

當然，他們過去是把所有的錢都拿來經營餐廳。這讓我們的團隊想出「不是我們第一支真正好的廣告」這個創意。這支廣告描述一個代言人開始高談闊論：「自從一九七二年以來，我們就一直試著要想出和 Ruby Tuesday 的食物一樣好的廣告。可惜的是，到現在都沒成功。我們在一九八六年的時候幾乎要成功了。因為老實說，我們希望我們第一支廣告真的真的真的非常好，當它出來的時候，我們會讓你知道。……但是不成哪，我們甚至連句廣告詞也沒有。」我們團隊把客戶遲遲不做廣告這件事情轉變成一個全然的廣告。執行長桑迪•貝爾喜歡我們的想法，就買了它。

但沒有公司比蘋果電腦更善於利用它最大的問題了。大部分的電腦用戶擁有個人電腦，這些電腦都是列出他們產品的優勢，把其他週邊的競爭者比下去。蘋果電腦卻把焦點放在它的劣勢。從一九八四年一月開始，IBM 電腦成為領導品牌，蘋果就推出它一九八四年那支有名的廣告。蘋果電腦從來沒有改變他原本的行銷策略：只有少數精英使用麥金塔。他們「想與眾不同」的知名宣傳用了精采的廣告詞：「這是給鬼才用的。」他們強調鬼才就像畢卡索、愛因斯坦和歌劇女王瑪莉亞•卡拉絲。訴求點很簡單，不要讓個人電腦的使用者說你是瘋了才去用麥金塔，因為只有瘋狂的鬼才才能推動世界，讓它前進。

自認不足

想創意時，要把自己當成是乞丐而不是國王。金錢常常會掩飾平凡。你可以把任何想法搞得好像很大，很引人注目，很出色。然後這些本來不應該面世的東西卻因為誇大的做法最後被放到市場上，沒有東西會比這一招更快毀了這個產品。這樣只會讓這個品牌給人一種膨風的感覺，客戶會懷疑而且會對於要不要再次用你的產品抱著提防的態度。

就像寶鹼的麥特西說的：「你可以在廣告上砸下大筆預算，但是這個廣告必須先把不必要的東西去除，才能讓人印象深刻，讓人有反應，也與眾不同。」他可是最瞭解這件事情的人（這是因為有過慘痛經驗）。有聽過**Physique**洗髮精嗎？沒有？這就是問題所在了。麥特西說道，除了寶鹼內部以外，很少人知道這個產品在一般藥房有賣。「這個產品的企劃書中沒有任何一鳴驚人的東西，我們的廣告也沒有讓任何人注意到。」他說道：「我們花了很長的時間來復元。」

當我們提出「全然有機的經驗」行銷企劃給可麗柔的工作團隊時，我那時的同事道格拉斯‧艾堅對客戶說道：「你們只有一千萬的廣告預算，而潘婷有八千萬。如果你們要做得跟潘婷一樣，只是要講光澤亮麗的頭髮，我看你不如寫一張支票，把錢捐給慈善團體算了。你需要做的是大膽創新的東西，否則乾脆別做了。」事實上，自然保育聯盟的行銷企劃總監南西‧葛羅瑟（**Nancy Crozier**）指出，一鳴驚人是低預算廣告行銷唯一的選擇：「在非營利機構，如果你不能做出徹底影響人們態度和想法的，一鳴驚人的東西，你的預算就是白花

流汗換取靈感

當你陷入創意的泥沼時，儘快走出辦公室去做些運動。首先，你要把籠罩在你腦袋中轉來轉去的壞創意打破。然後，就像大家都知道的，運動可以釋放腦袋，讓你心情愉悅，讓你比較有創意。一九九三年，我丈夫和我要為美國紅十字會的募款錄影帶寫一首歌，募捐的基金要提供給盧安達的難民。因為沒有任何靈感讓我很沮喪，我跑到體育館／健身房去清理我的腦袋。當我在台階器（StairMaster／一種運動器材）上走著，把我的憂慮和汗水一起排掉時，我抬頭看到CNN的新聞播出盧安達難民一些新的畫面。這些畫面讓我流淚，但在我旁邊使用台階器的傢伙，抬頭看看電視之後，又轉回去看他的雜誌。他完全沒有同情心，這激發我想出了歌曲的名字：「別轉身」（Don't Turn Away），而薩勒則配上了深摯動人的旋律。李奇・哈文斯（Richie Havens）以柔腸百轉的情感詮釋這首歌，最後這支錄影帶幫饑餓的難民募到上百萬美金。

的。因為你沒有嘗試和犯錯的餘地。」所以不管你的預算是多少，問問你自己，如果我只有一半的經費，我要怎麼做？這個創意夠好嗎？好到即使經費不夠也經得起考驗嗎？就算消費者只有一次的機會在電視上或是商店裡接觸到這個產品，它也能突圍而出嗎？

最近 **BMW** 請紐約廣告代理商 **Markley Newman Harty** 幫他們做的一些摩托車廣告非常成功，儘管預算很少。因為只有比例甚少的摩托車騎士會買 **BMW** 的機車。如今已經成為該公司策略總監的艾堅回想，創意團隊在 **BMW** 客戶那邊工作時發現兩件事：一是 **BMW** 的騎士比哈雷機車的騎士更精英，二是每個人都認為 **BMW** 做出來的機車最棒。但是之前的行銷忘了提出一個重要的議題：**BMW** 這個品牌的形象來自那些看起來溫文儒雅的 **BMW** 汽車駕駛。幾乎不可能是那種沒刮鬍子、蓬頭亂髮，從阿拉斯加最北邊騎車到巴塔哥尼亞（南美南邊）最南邊的騎士。

由於所有的騎士都已經知道 **BMW** 的機車是好的，創意團隊決定揚棄陳舊的想法，幾乎把焦點都集中在單單討論騎士上。他們想出了一系列粗粒子黑白片，描述一群不法之徒在開闊的天空下說著這樣的廣告詞：「如果只有一條車道，那就衝過去啊！」以及「我有髮型設計師，它就是我的頭盔。」這廣告是設計給那些桀傲不馴，不清理腋窩，里程表從不休息的傢伙看的。這支廣告播出之後，**BMW** 的市場佔有率馬上在短短一年之間，增加了百分之三十。

BMW 大可以和今天許多其他汽車公司一樣：拿大把的銀子請滾石樂隊或是齊柏林飛船

合唱團開個演唱會，然後花很多底片，讓鏡頭一直跟著飛快而時髦的車子。相反的它卻反向而行，有節制的預算強迫公司用截然不同的方法來做宣傳，而且非常成功。

Altoids 薄荷糖的行銷宣傳是另外一個低預算的傑作。一九九五年，這種「氣味特強」的薄荷在美國上市，美國李奧貝納公司替他們做行銷宣傳，堅持要把廣告焦點集中在印刷品廣告和建築物壁畫廣告上，完全沒有電視廣告。主要的廣告詞只有一行而且很快就朗朗上口，比如「好險這味道不能再更強！」和「我們的薄荷能打敗你的薄荷。」這家公司打廣告游擊戰，用盡各種不貴的行銷技巧，比方設計一個看起來像 **Altoids** 的錫罐拖船放在紐約港。**Altoids** 最後變成商店中銷售第一的爽口糖品牌，在二〇〇〇年一月佔有大約百分之二十七的市場。這個廣告獲得很多獎項，而且根據《科林的芝加哥大事》（***Crain's Chicago Business***）所說的，它把「兩百年來老英國的薄荷糖轉變成美國文化的象徵。」

愛上B計畫

創意的過程中，文案、導演或是客戶太常把他們的心思放在A計畫上，然後就遇到問題了！大部分的人咬牙切齒地說：「老天，我已經做了，我要堅持下去！」否則的話經費或是時間都不允許我們把東西弄出來。之後他們就去找方法把問題搞掉，有時候要花很多錢，而常常會搞得一團糟。但是，假如你害怕整個計畫消失在黎明的大氣中，你要有勇氣放棄A計畫。不只因為這樣可以把原本的問題拋在腦後，而且你往往會想出更好的東西。

舉例來說，史蒂芬史匹柏拍攝「法櫃奇兵」（Raiders of the Lost Ark）的時候，有一天，哈里遜福特原本應該要有一場緊張的打鬥場面。可是在拍攝的過程中，福特雖然來了，但是他食物中毒。他告訴史匹柏，他絕對不可能有力氣拍攝這場打鬥戲，而且他得請假一天來養病。進度很趕，因為要讓電影如期完成，史匹柏懇求福特留下來，答應他只要拍完一個鏡頭就想辦法讓他休息。在這極端慌亂的一刻，史匹柏和福特想出了B計畫讓攝影機繼續拍下去。

福特和他的對手凝視著彼此，敵人突然拔劍揮舞，幾乎就像艾路弗林（Errol Flynn／演員，曾飾演羅賓漢）一樣的速度。經過精密的計算，敵人衝向福特。在那一刻，他好像要把我們的英雄人物福特刺成烤肉串了，而福特卻幾乎沒有花任何力氣，僅僅取出他的左輪手槍，就把這個反派人物給殺了。這一幕變成這部電影最常被討論到的地方，但如果A計畫繼續，那這段永遠也不會被拍成電影。

在KTG，我們會把路障看成路標。也許A計畫並不成，也許門關著是有原因的，也許旁邊就會有更好的創意。世貿大樓被攻擊之後（九一一），我們取消了本來要在威尼斯拍攝的艾弗拉克廣告，在這個極端不安的時刻，我們工作團隊盡量避免到國外旅行。對於不能用大家都喜愛的腳本拍攝，我們感到沮喪。但我們能做的，就是試著提出新的方法來做廣告，跑到多倫多去拍攝，完全沒有威尼斯風味的背景。——我們硬生生地放棄整個威尼斯的構想。

湯姆和艾瑞克很快就埋首工作，寫出新的腳本，描述拜吉・貝拉（**Yogi Berra**）（**紐約洋基隊的捕手**）和艾弗拉克鴨在一個理髮店的故事。這支完美的廣告最後成為這家保險公司最受歡迎的廣告之一，去年的《華爾街金融日報》（*Wall Street Journal*）把它列為該年度十個最好的電視廣告之一。我們廣告的結尾以真實美國精神為號召，在當時真是再恰當不過了。

我很早之前就學會要先準備好B計畫，這樣一旦原來的行銷計畫毀了都還有救。我在**Wells, Rich, Greene** 這家公司的時候，曾經替歐蕾寫了一個很好笑的廣告。因為我訪問四十歲的女人，他們對於廣告用那些根本不需要保養品的少女模特兒來推銷產品非常厭惡，我這支廣告就是根據這些訪問而寫成的。但公司不允許我拿給寶鹼的客戶看，因為他們警告我說，這類很莊重的廣告沒有開玩笑的空間。

我個人認為，保養品甚至比保健用品和醫療保險更讓人覺得無趣，但是呢，我知道什麼?在這種產品類別中我還是個新手嘛!我們把其他的作品拿到會議上，但是歐蕾的客戶對這些都興趣缺缺。

我開始覺得我們遲早要失去客戶的興趣，我開始害怕我們所有的工作努力都要成為泡影，所以我決定進行B計畫。我把這個好笑的小劇本拿出來，有點慌亂地交給客戶看。這時後廣告公司的同事開始在桌子底下掐我。

但是客戶讀完廣告腳本之後，他馬上捧腹大笑。故事描述一個四十歲上下的獨角喜劇女演員不小心跟觀眾說溜嘴：「如果還有任何十八歲的模特兒要賣我除皺霜的話，我就要大聲嚷嚷。」寶鹼讓我們製作這支廣告，萊斯利・德克特慧眼獨具，這支廣告後來成為歐蕾最成功的廣告。

當然，當你放棄A計畫，那你往往要去安撫想出A計畫的人。那可不是件簡單的事情。

■史提夫的盲人廣告

在一九八〇年代末，藝術總監查理・傑納瑞利（Charlie Gennarelli）和我共同擔任柯達廣告的創意總監，客戶執行總監是傑瑞・哥特利伯（Jerry Gottlieb）。我們接到了一通很有趣的電話：歌手史提夫・汪達（Stevie Wonder）要幫柯達拍一支廣告，整個公司都因為這件事而騷動不安。

首先，大部分時候，和名人一起工作就像作結腸鏡檢查一樣「有趣」。光準備工作就會把你累垮，而且只要你有什麼東西沒搞定，他們就幫你貼上標籤了。不過和史提夫這種層級的名人一起工作確實令人興奮，唯一的問題就是，史提夫要當柯達底片的代言人。一個瞎了的名人來替彩色的照片背書，顯然不太妥當。我們得要找出B計畫。

所以我們得去找當時人在亞特蘭大市的史提夫，說服他去代言柯達的電池而不是底片。但當我跟他見面時，他馬上開始說他之前和柯達底片合作的經驗有多愉快。

「史提夫，那很棒啊！」我一邊跟他說話，汗水一邊滴到我的衣服上：「但是找你來跟大家談底片的色彩和銳利度，會變得有點不好處理，因為，因為……」

我就是說不出口。史提夫咯咯笑道：「因為我看不到？」我含糊說道：「嗯嗯。」

我很怕他因此就打退堂鼓，到最後我們就喪失一個名人背書的絕佳機會，所以我儘可能巧妙地提到，如果他替柯達電池當代言人，會更有說服力，因為電池可以用在像錄音機和電子樂器這種設備上。他最後同意替電池拍廣告。假定最壞的狀況——如果我沒邀史提夫加入，這個案子可能就接不成了——我得要鼓起勇氣說服這樣大牌的名人接受B計畫。

如果沒被搞砸，也要盡可能地修改完善

成功讓人居安不思危。一旦你想出一個很棒的創意，然後你在整個廣告界一鳴驚人，你可能就會想要偷懶。你以為你已經想了一個很好的方案，就故步自封。這在某些工作領域也許有用，但在行銷上，這種想法是通往失敗的捷徑。

太多公司想把創意保存起來，認為只要把它供起來，就可以保持品牌的完美無暇。但是當他們真的要做的時候已經太慢了，只會讓這個品牌或這個概念顯得不合時宜。世界一直在變動，我們的生活也隨著每一則CNN的新聞而改變，所以沒有什麼是可以回頭的。我們生活在一個每天醒來都有一點不同的行星上。

在KTG，即使有很棒的想法或是行銷活動，我們也從不放鬆安逸。即使是一鳴驚人的想法也需要去開展擴充和重新塑造。你得要一直進步，否則你的消費者就會跑掉。如果不改

變宣傳的方法，就會像客廳裡的油畫，甚至沒有人想多看它一眼。

事實上，要製造壓力來保持進步才會成功：現在消費者注意到你了，千萬別讓他們跑掉。問問你自己，「如果明天發生了最壞的狀況，那該怎麼辦?」英國的出版商Bloomsberry出版了第一本《哈利波特》，他們知道這本書會大紅大紫。執行長尼格‧牛頓（Nigel Newton）馬上開始計畫出版《哈利波特》之後的一切，在美國市場灑些種子做進一步的測試。寶鹼全球護髮事業部的總經理馬丁‧諾契特（Martin Nuechtern）也提到這件事，要有能力「去瞭解偉大想法背後的核心想法，然後把它移植到其他的領域。」

光是去執行一鳴驚人的創意只會讓你的品牌有可能達到成功的地步。從定義上來說，一鳴驚人破壞規則，創造出一個新的宇宙，但是這個宇宙很可能一下子就被你的競爭者佔據了。我們才幫草本精華創造出「全然有機的經驗」這個行銷點子，就開始有人模仿，而且到處都可以看到有人用感官經驗的保證來賣他們的產品。

更重要的是，一鳴驚人一開始似乎是創新的而且是個典範，但之後馬上成為陳腔濫調。事實上，你的創意越受矚目，你的一鳴驚人就越會被業界盜用，也就越快變成老調。那麼你就必須放棄你原本的創意，再想新的。

在KTG，儘管我們成功的打造出艾弗拉克鴨，我們還是會擔心明天就什麼都沒了。我們所做的每一個廣告都必須要推翻前面一個一鳴驚人的創意。第二隻廣告把鴨子從自然的棲息地移開，也就是它不再待在城市裡的公園，而跑去蒸氣房。然後我們安排名人和鴨子搶鏡頭。我們甚至讓人類也說「艾弗拉克」這個字。我們才拍完一個和喜劇演員吉維・蔡斯（Chevy Chase）的廣告，最近一支廣告是在拉斯維加斯的一個寒酸的婚禮小教堂拍攝，鴨子甚至不在那裡。除了對健忘的觀眾呱呱叫著「艾弗拉克」以外，它還大搖大擺地穿越市鎮，在惠尼・牛頓（Wayne Newton）的演唱會上拍打它長蹼的腳丫。一直開發創意是唯一能讓行銷保持新鮮感的方法。

同樣的，玩具反斗城的歌被改寫成無數不同的唱法——像是搖滾樂、芭蕾舞曲、即興的爵士調調。玩具反斗城有個廣告轟動一時，幾年前，我們找回廣告中那些小演員，讓他們穿上同樣的衣服，重演整個廣告。把舊的兒童版和新的成人版放在一起播出。

強迫自己進步，是唯一讓一鳴驚人的想法能夠永遠運作下去的方法。M&Ms 的故事可以證明我們的觀點。我們都記得在六〇年代和七〇年代，M&Ms 可愛的小動畫偶說著「只溶你口，不溶你手。」

這些小糖果動畫偶一夜之間大紅大紫，並且讓 M&Ms 成為甜食的銷售冠軍。但 M&Ms 的製造商火星公司知道這來之不易的市場佔有率可能會溶化得比棒棒糖放在陽光下的速度還快。每隔幾年，公司就推出一些新產品，包括迷你 M&Ms，杏仁 M&Ms，花生醬 M&Ms，而且還會配合時令推出聖誕節和復活節顏色的 M&Ms。

所有這些改變都得到回饋：M&Ms 巧克力曾經和太空總署的太空人一起進入太空，而且雷根總統和柯林頓總統都是他們的支持者。當這家公司請大家投票來決定他們公司要用哪一種新顏色（藍色、粉紅或是紫色）的時候，將近一千萬人投票（最後決定藍色）。

幾年前，火星公司重新推出它的動畫「代言糖果」。但這次，他們不再是那個無知的年代討人喜歡而甜美的M&Ms巧克力。公司認為以前的角色已經過時了，所以創造出完全屬於二十一世紀的糖果，有自我主張，而且還會機智的回嘴。「綠色」的，第一個「女性」的M&Ms代言糖果，首次亮相就說出了經典的廣告詞：「我不為任何人溶化」。綠色M&Ms在和丹尼斯・米勒（Dennis Miller）在一個超級大碗中爭論性別權力的議題。

竅門就是要知道什麼是可以改變的，而什麼是不能改變的，有些不能改變的準則永遠也不能動它。我們總是用北京種的鴨子來拍艾弗拉克的廣告。可口可樂的商標永遠是紅色和白色的——即使現在的商標和最初的樣子完全不同。Burberry經典的格子圖案永遠不會消失——雖然現在這樣的圖案在錶帶上，布袋上，還有涼鞋上都到處可見。Tiffany在賣給你艾艾莎・派瑞提（Elsa Peretti／知名設計師）最近設計的珠寶首飾時，一定用藍盒子包裝他們的產品。品牌專家多爾曼說道：「品牌存在的理由是可以確保消費者的某種經驗。品牌是經過多年建立出來的一種很信任和親密的關係。你不會為了改變而改變，但是品牌要讓你獲得你想要的感覺。」

多爾曼提起最近固麗齒重新設計包裝，這可以當作一個例子。固麗齒是屹立不搖的老牌子，但是它過去白色的包裝配上紅色和藍色的字母已經過時了。比較傳統藥廠路線的外觀是「跟消費者在十五年前，二十年前的想法做一個連結，那時候牙膏跟健康和牙醫是相關的。」多爾曼這麼說道：「但是消費者已經改變了。美白牙齒的產品出來了，而且消費者現在認為你牙齒越白，就表示越清潔，那也就越健康。」固麗齒請 **Interbrand** 幫他們重新設計包裝。「他們必須要在原本的商標，和如何取得消費者信任中間得到一個平衡。要讓消費者相信固麗齒是創新的，可以幫助你改變你的微笑。」

Interbrand 的新設計讓商標原本的字型都保持原樣，也沒有改變紅色的「C」字，因為這是這個品牌最可靠的標誌。但在很多其他方面做了包裝上的改變，包括把寶藍的底色改成光芒四射的圖樣。最後的結果就是「創造出一個讓人耳目一新的新包裝，但還維持著固麗齒特性。」多爾曼說道。在新包裝發貨之後，已經把第一名寶座讓給高露潔很久的固麗齒，一度又成為銷售第一的品牌。

也許最好的例子是一九四七年鑽石貿易公司寫出的文案（現在的 **De Beers**），成功的結合品牌個性和「鑽石恒永久，一顆永流傳」的廣告行銷。雖然廣告詞沒變，但是廣告卻隨著時代改變。第一支廣告描述第二次世界大戰的退役軍人回到家，拿出鑽石給忠貞的未婚妻。

在七〇年代和八〇年代，為了跟上大量使用奢侈品的潮流，廣告拍了所有的人，從嬉皮到爆發戶都沒漏掉。然後接下來是「剪影」廣告，甚至沒有把人拍出來。這種廣告只用剪影描繪出像是求婚，或是結婚典禮這樣「鑽石」的時刻。這樣的行銷手法替鑽石產業賺了上百億的鈔票，而且被選為是二十世紀（**這個廣告時代**）的前十個最頂尖的行銷宣傳。

在一鳴驚人的過程中即使你認為自己的杯子是空的，但是你永遠都要看到別人的杯子至少半滿。**行銷創意可以一直存在，只要它持續讓消費者覺得這是一個永恆的信息。**

第10章

創造一個豐富的宇宙

一鳴驚人的過程中，最重要的一部分，就是把你的工作團隊創造成一個豐富的宇宙，才能確保源源不絕的創意和財務上的成功。

我們常常回頭看我們公司創意發展的過程，然後試著去想如果公司少掉任何一個人的話，那結果會是怎樣？但那幾乎是無法想像的。就像試著去想像在一開始的宇宙大爆炸一樣。如果任何一個粒子沒有發揮它的作用，那現在的宇宙會是怎樣的？因為我們公司每一個文案，每一個圖像設計者，每一個助理，每一個客服人員都盡到了他們那部分的責任，也因此讓我們的公司能夠加速前進，讓我們的事業能夠一鳴驚人。儘管公司裡不見得每個人都那麼成功或是那麼的性靈豐足，但少了任何一個人，我們會變成完全不同的公司。

當你發現你公司裡面每個成員都吹毛求疵，都有能力灌注更多東西到創意的過程中，你就會注意到每個工作夥伴都發揮了他們的作用，共同推動公司往前走。而你的工作就是要去找出最好的方式，讓他們適才適所，替即將來到的案子分配任務，就像指揮家指揮管絃樂團一樣。因為每個員工的個性和才份都不同，要怎樣恰如其分地分配任務，本身就是一種藝術。

這可能是想要一鳴驚人的過程中，最重要的一部分。把你的工作團隊創造成一個豐富的宇宙，才能確保源源不絕的創意和財務上的成功。除非你的員工一直被刺激去做正向的思考，否則你們是不會一鳴驚人的。在 KTG 集團裡，我們沒有傳統企業的成規，不會去注意階級，所以才會成功。

把你的包袱帶到辦公室

大部分的經理人都已經習慣在私事和公事之間畫上一條線。不要把你的問題帶到辦公室來，不要讓公事縈繞於心，更重要的是，不要在工作時滔滔不絕地討論你自己的私事。但如果你要人進門前把他們私人的生活放到寄物櫃，他們就不會帶著有完整感情的真實自我來上班。他們只會帶來一個人形的自己來上班，表面上看起來沒問題，但沒有深度或是個性。如果你認為人就像洋蔥，每一個人都是在一層又一層「社會化」的皮膚底下，那你就會瞭解，只有剝去這一層一層的假面，才能發現比較有意義的或是真實的東西。所以我們故意反抗這樣的成規。我們鼓勵人們把他們整個自我帶來工作，缺點和一切。雖然我們不見得那麼關心某人告訴我們說他的信用卡帳單過期未繳，但是大部分的人覺得這兒比以前的公司要人性化。打破了公私之間的那堵牆，我們才能沒有束縛地進入每個人的情感核心。

比方說，在九一一之後，我們每個人都急躁、焦慮、沮喪。我們辦公室距離世貿大樓只有幾英哩遠，員工們急著要離開位於市中心的辦公室，因為在那兒會看到燃燒的建築物冒著羽毛般的濃煙，之後只要朝第五大道望去，就會看到建築物在一瞬間倒塌。接下來的幾個禮拜，我們發現大家根本無心工作。恐懼罩頂，人們龜縮在他們的筆記型電腦後，看著從CNN一連串天啟式的報導。最後，我召集所有KTG的員工，跟他們宣布，在小組創意會議時，任何人都有權力可以中斷會議，跟大家講他們夢魘的細節、他們的焦慮，他們也可以自然而然地流下眼淚。把我們個人的感覺帶到工作的地方，我們整個團體才能在創意遲遲不出來的時候，試著繼續前進，就像遍布這個城市和國家的人們一樣。

要操縱

用操縱的手法完成任務為什麼會有如此負面的批評跟我們無關。當然我們並不是倡導要用什麼方法去操縱一個人，導致他被傷害、被嘲笑，或是造成他財務上的損失。我們說的是你去影響一個結果、一個員工，或是引導一個會議達到有建設性的結論，讓每個人都能獲得好處的這種操縱。事實上，如果我們周圍的世界沒有某種形式的操縱，我們可能永遠創造不出這種一鳴驚人的產業。

❖ 六十秒雇用一個員工

會議中，我們常常可以在六十秒之中就看出一個人在這件工作上適不適任，在行銷的領域，有長春藤名校的畢業證書固然讓人欽佩，但是熱情、世情練達、聰明靈光更重要。我們從來沒有雇用那些一開始就聽不懂我們笑話的人。和可愛的人一起工作不止有趣，在團隊工作時，他們往往能把事情做得更好，他們也是比較好的員工。

管理階層只要留給周遭工作夥伴一個印象，就可以影響四周的環境。就像傑西・麥克・洛克（**Geshe Michael Roach**）在他那本佛教哲學的書《鑽石切割機》（*The Diamond Cutter*）中提到：「發生在我們身上的事情絕對和我們怎麼對待週遭的事物有關聯。」我們相信如果這種印象是正面的，也會正面地影響整個公司行動力和態度，每個人都會感染到這個氣氛。在暢銷書《首先，打破成規》（*First, Break All the Rules: What the World's Greatest Managers Do Differently*）中，蓋洛普民調中心資深副總裁馬克斯・巴金漢（**Marcus Buckingham**）和蓋洛普民調中心全球實務領導人柯特・科夫曼（**Curt Coffman**）揭露了一項研究結果，調查對象是那些銷售長紅的電器用品連鎖店的員工。在有生產力的商店，將近過半的員工覺得管理階層有在栽培他們、傾聽他們，有在創造一個讓員工感到被看重的環境。在生產力低落的商店，只有百分之十一的員工有這樣的感覺。在有生產力的商店，這些感覺是老闆操縱出來的嗎？保證是的。

相反的，一個不尊重或不體諒的批評可能會破壞花了好多努力才建立起來的關係，而且讓創意團隊的士氣一蹶不振，讓本來可以海闊天空的想法動彈不得。這種「士氣一蹶不振」不僅會對員工生理產生影響，也對他們行為產生影響。就像吉姆・拉爾（**Jim Leohr**）和東尼・史查瓦茲（**Tony Schwartz**）最近在《哈佛商業評論》（*Harvard Business Review*）中討論的議題。「只有正面的情緒可以引發能量，讓表現加分，負面的情緒如沮喪、不耐煩、憤怒、恐懼、怨恨和悲傷，都會耗盡能量。這些感覺隨著時間逐漸的變成毒素，讓心跳速度和血壓升高，讓肌肉緊繃、視力降低，最後導致行為失能。」

所以我們很努力地去創造正面的印象。也就是說，從助理，執行長和信件收發都會受到同樣的尊重和禮遇。我們盡可能回覆每一通電話留言和每一封求職信，事實上，我們會打電話謝謝所有的客戶——即使我們公司沒有接成這個案子。這樣做讓我們收到成千上萬封回覆的感謝函和電子信件，甚至很多次讓我們接到新案子。廣告行銷的世界非常非常小，而禮貌是很好用的——因為這樣你就會被記住。但管理階層必須以身作則，大家會照著你做的做，而不是照著你說的做。

當然，維持正面的環境，這樣就可以操縱人們去做出你要他們做的事，這個好方法並不是我們公司第一個發現的。貨櫃小舖（Container Store）就是很棒的例子。這家倉儲量販店努力尊重並禮遇它的員工和客戶。這家公司投資很多時間和精力去教育新進員工，給他們差不多二百三十五小時的訓練（一般企業大約訓練七個小時）。共同創辦人賈瑞特・布恩（Garrett Boone）最近在接受《科技財經》（*Fast Company*）雜誌的訪問時說道：「我們可以進入家庭用品的世界，和沃爾瑪一決雌雄，是因為我們和員工的關係比其他量販店要好。」結果呢？貨櫃小舖已經連續三年列入《財富》（*Fortune*）雜誌一百大最好的企業。更重要的是，所有這些好的心意都獲得報償。幾年營運下來，可以看到公司的年銷售成長達到百分之二十，甚至更高。這其中是有它的道理的。

當一個說「行」的人

往往，當一個人的名片上有了雷射印表機印出來的「主管」頭銜時，他就以為他的工作就是盡可能常常要說「不行」，而且要說得擲地有聲。但只會說「不行」的嘴上功夫意味著非常侷限的字彙。「不行」是懦夫才說的話。「不行」你就不會有大膽的創意。「不行」沒有任何啟發性或教育性。「不行」不會推動事情前進，只會讓事情停擺。

比較有建設性的字是「行」。也許當別人說「不行」的時候，女人比較會在某些狀況下，用她的方法說出「行」這個字。為什麼呢？也許因為多數女人都是母親：由於小孩常常在冬天吵著要穿短褲，媽媽面對這個狀況時，她知道她不能說「不行，外面才十度。」這種答案只會讓狀況更糟。我們會迂迴地回答：「行啊，這個主意很棒。你現在就去穿短褲吧！然後我們出去的時候，再穿上那件漂亮的藍色牛仔褲。藍色是我最喜歡的顏色，你呢？」

根據我們的經驗，「行」是最好的方法，能替公司廣招財源。我們搞不清楚為什麼大部分的人會不知道這個。認同別人的感覺和意見可以打開共同工作的關係和創意發想的閘門。太多人擔心說如果他們對同事的想法說了「行」，他們自己本身的觀點就會受到貶抑。但是瞭解和承認別人的好主意並不會造成一個非贏即輸的狀況。通常團隊的努力可以幫你們兩個人創造一個雙贏的局面。

但假如這個想法或是建議並不可行呢？通常客戶想出一個我覺得不行的想法，我往往會像這樣回應他們：「我會把那個寫下來。」或是「我會考慮考慮，然後給你回覆。」結果是一樣的——因為這個想法在它播出之後也會因為完全沒有市場反應而草草下檔——但我設法讓別人的自尊心不受傷害，讓每個人都覺得被尊重。

❖用點頭來刺激

在我們動腦會議上，為了要鼓勵創意的討論，防止大家只是在腦袋裡空想，我們用眼神接觸來鼓勵發言的人，並且不斷地點頭微笑，即使這只是個未完成的想法。我們稱之為「用點頭來刺激」，這可以讓發言的人站出來，領導全部的人討論怎樣可以發展出一鳴驚人的東西。

當創意團隊想出來的東西缺乏一鳴驚人的潛力時，我們固然可以告訴他們，東西還沒出來，然後宣布散會。但是接下來，這個創意團隊的人會開始自我懷疑，苦惱地想著他們是不是根本做不到，他們是不是真的有能力首先發現它。這只會創造一種負面能量的旋風，阻礙樂觀主義和能量，阻礙一鳴驚人的出現。

相反的，我們告訴他們，在他們意識之下的某處，具有爆發力和受人矚目的創意就要出來了。他們只需要用更多的方法去探索，去開發潛意識的能量。這樣就讓創意發想變得可預見而不是永無止盡、遙遙無期，希望渺茫。

但是我們認為不能因此就退而求其次，選擇還算可以的主意。事實上，想要把還可以的創意用魔法搞成偉大的創意是不會成功的，反而會限制了一個團隊持續去搜索和發現一些真正新穎或有爆炸性的東西。這會使得客戶和創意團隊都失去一鳴驚人的機會。所以我們會鼓勵工作人員把二流的主意拋掉，這樣才會有非凡的創意出來。

迂迴是很有用的協商技巧。幾年前我們和客戶有一個預算的協商，客戶只願意花幾十萬來做一個行銷宣傳，但事實上如果想要一鳴驚人的話，要花更多錢。除了告訴他們這樣的預算是低到不切實際的，然後問他們最多可以出到多少之外（我清楚知道這樣問，他們只會說不），還有其他更好的方法。我讓他們自己說出來，我們的對話如下：

琳達：你的預算多少？

客戶：六十萬。

琳達：好，那你可能再高多少？

客戶：可能七十五萬。

琳達：那如果你想用頂級的導演，來做其中一支廣告，你可以有多少預算？

客戶：好吧，一百萬。

琳達：那如果所有的廣告都要用頂級的導演，你最多能……？

客戶：嗯，可能一百二十萬吧。

琳達：那你可能沒辦法用這樣的預算請到你要的導演喔，你們最高是多少？

客戶：兩百萬是極限了。

當然我大可以接受他們最初給我的那一丁點預算，試著做出些東西。但我發現只要我肯妥協（不說「不行」），我們就可以達到我們的目標。我知道他們第一個反應可能不會準確地告訴我他們真正的預算，我也知道他們可能之後會後悔在這個廣告宣傳縮小宣傳的陣仗。所以我用這種迂迴的方式得到比較正確的預算，這支廣告很成功。

丟掉你的想法（創意）

海瑞・S・土爾曼（Harry S. Truman）曾經說過：「你可以達成生命中任何一件事情，假如你不在乎被記在誰的功勞簿上。」很多人很不願意和別人一起分享榮耀。每當我們有了很棒的想法，就會很想張揚自己的功勞，享受別人的讚美。但是在KTG，我們相信讓其他人分享創意的所有權，會增加這個創意一鳴驚人的機會。「這是群體關係，」保羅・拉克曼說道：「每個人的付出不同，但我們一起是很棒的團隊。A＋B＋C＝Q。只有一個人是永遠做不來的。你需要團隊。」**有才華的人傾向互相競爭，劃分領域，但是要享受永久的**

成功，唯一的方式就是群體一起努力。

雇用行動家

很多行銷者花太多時間在準備幻燈片、畫出彩色的條狀圖，一遍又一遍反芻資料分析，卻不去解決問題。那就像試著要修理收音機——花幾天的時間用理論去分析為什麼收音機不能用了，但其實你只要把收音機打開，就會知道它需要兩個三號的電池。這就是我們為什麼要雇用行動家而不是理論家，為什麼要雇用工作人員而不是指導人員。真正做事的人會去做事，用嘴巴做事的人必然不做事。

在政治學家羅伯特・亞瑞爾賴（Robert Axelrod）的著作《合作的演化》（*The Evolution of Cooperation*）之中，他使用數學模型來解釋人類的行為。他用電腦程式演示了囚徒困境（Prisoner's Dilemma）的版本，囚徒困境是經典的社會學命題，講的是把兩個共犯分開偵訊的狀況。如果A囚出賣了B囚，他可以被釋放，而B囚就得蹲十年監牢——反之亦然。如果兩個人都堅不吐實，那兩個人都只要坐一年的牢。最有「合作精神」的電腦程式在這個遊戲中獲勝。這讓亞瑞爾賴假定合作能創造出長久的穩定。最近，亞特蘭大艾摩利大學（University of Emory）的研究者使用另外一個囚徒困境的版本，藉著有漂亮臉蛋的圖畫、金錢和甜點來做實驗，發現到和他人合作竟然會引起身體反應高度的相似性（**雖然最後我不會和別人分享我那塊巧克力起司蛋糕**）。當KTG有了一個很棒的想法，公司每個人都把這個想法當成自己必須要養大的，盡力讓它孵化。為什麼我們有這麼多人為一個案子盡心盡力？那是因為大家知道他們都會從成功中得到好處。這創造出一種振奮人心的「快感」，整個團隊都想要一次又一次的成功。

大陸航空的執行長和董事長戈登・貝思奈（Gordon Bethune）也有同樣的處世哲學。對員工，他除了口頭上的讚美之外，大家都知道他會有實際的行動以示鼓勵。一九九〇年代，這家航空公司的飛機因為不能準時到班而惡名昭彰。貝思奈決定只要飛機能準時到達第一站的運輸部門排班，他就授權公司發給主管級以下的員工每人每月一百塊美金。如果航班每個月能準時到達第二站或第三站，他就每個月再多給每個人六十五元美金。貝思奈的行銷主任伯尼・瑞茲（Bonnie Reitz）說道：「在航空公司準時與否的排行榜上，我們很快就從第十名爬到第一名。接下來五年的時間，我們都是第一準時的航空公司。」

國際連鎖餐廳Ruby Tuesday的經理們一年中有幾次會被邀請參加公司的付費旅遊，去公司豪華的四星級Ruby Tuesday招待所度假。執行長桑迪・貝爾說道：「在我們公司，這是前所未聞的，但是這可以讓優秀員工充滿能量和熱情的工作下去，而不會離職。」他繼續說道：「因為如果你沒有對的人在適當的地方做事，你永遠都只能是二流的。」貝爾顯然並不吝於把他連鎖店的成功榮耀和他的員工一起分享。

優秀的主管永遠不會居功。事實上，我們有注意到，許多我們遇到過的成功企業的執行長，他們有一個相似之處，那就是說話的時候幾乎沒有「我」這個字。

你的生活取決於你的舉止

二十三年前，我除了一份差勁的履歷和少數平面的廣告以外，一無所有。我從朋友和認識的人那邊搞到一堆廣告人的電話，然後冒失地打電話給他們。很少人費心地回我電話。但其中一個回我電話的人是歐威特，他是智威湯遜廣告公司前任的共同執行創意總監和資深的合夥人。儘管我其實是沒有廣告經驗的，他還是跟我說他很樂意跟我見面。我很激動。三個禮拜之後，我來到萊辛頓大道（Lexington Avenue）一棟華麗的建築物，見到了歐威特。他貿然地就讓我進入他位於十二樓，有著貼花壁紙的寬敞辦公室。我給歐威特看一本薄薄的小冊子，這是我爸爸工作上的夥伴，創意總監魯賓幫我一起拼湊完成的作品集。上面貼滿穀類餅乾的廣告詞，很多差勁的洗髮精廣告，還有一個是Dunkin甜甜圈的創意，那個「洞」是我一個實驗性的創意，唉，不過那個創意出來的太早，不適合那個時代（Munchkins是一直到以後才出來的）。

我就像在地獄一樣緊張，不只是因為我的行銷知識少得可憐，更慘的是，我根本不知道我現在是在什麼地方！我雄心勃勃地想要通過這次面試，我寫下了伯尼的名字，他的頭銜，他的辦公室地址，但我忘了記下他們公司的名字了。我瘋狂地在裝飾他辦公室的那些無數的廣告獎牌中找著，希望能夠有一面獎牌會提到他們公司的名字。可惜運氣不好沒找到。但是，我不知怎樣在面試的過程中就跌倒了，然後我應該是說了一句很機智雋永的話，因為接下來的事情就是，他在電話裡推薦我當資淺廣告文案。

歐威特那天給我的印象，使我也用同樣的方式來經營**KTG**。我去幫歐威特工作，從來沒看到他面色陰沉，或是聽到他提高音量。他總是那麼彬彬有禮，讓我親眼見到態度禮貌和做事正確是多麼重要。超過二十五年來，我就用這樣的工作倫理來做事。

你永遠不會知道當你給別人什麼樣的印象時，這會怎樣繞一大圈又回到你身上。一年前，我莫名其妙地接到一通電話，打來的人是一個叫瓊安・米瑟安迪諾（Joanne Miserandino）的女士。她在我們海外的姊妹企業做事。她提到說她接下來幾週會到美國來，希望能夠跟我們見個面。我猜她大概是看到我們共有的母公司的網站找來的。雖然我們正好忙著要為幾個新的企業作行銷定位，我們還是很樂意跟她見面，不論她有什麼需要，都會去協助她。最後我們見面了，她看起來很親切，雖然我還是搞不清楚我是怎麼認識她的。

雖然我知道的實在不多，結果這次的會談卻讓我們得到了我們其中一個最大的客戶。原來米瑟安迪諾是寶鹼的客戶總監，負責寶鹼全球Dawn and Swiffer的客戶，而他們公司為了要配合紐約這邊，正要找一個代理商負責公眾的網站。獲得這樣的機會讓我既驚又喜，她居然會推薦我們公司！畢竟，過去二十年她都住在歐洲，她能知道多少我們公司的作品或是我們的能力呢？因為我實在太好奇了，我沒忍多久就脫口問她：「你願意找我們真的很棒，但我還是很好奇，為什麼是我們？」

她笑笑地說：「二十二年前，我在柯達擔任資淺的帳務經理，那時你是創意總監。雖然我是食物鏈裡最小的角色，你卻總是對我很尊重。我永遠也不會忘記。這就是我為什麼希望到這裡談生意的原因。」接著，她把我們推薦給她的客戶和老闆，最後我們得到兩個重量級的客戶，而且他們很快就接受我們某些一鳴驚人的廣告行銷。

並非每個人都要一鳴驚人

不管你多努力或扭傷多少隻手臂，如果你的客戶或是老闆不點頭，你就不能真的弄出一個一鳴驚人的廣告行銷計畫。當然這似乎是很明顯的，但我們的自尊往往無法忍受我們不被接受的事實。最後往往是換人做做看，而堅持要一鳴驚人最後得花雙倍的力氣。

當然，根據我們多年的成功經驗，有些公司不願意接受一鳴驚人的創意，要我們就此妥協實在很困難。有些公司因為害怕而不敢跳進看起來有點危險的領域。去年我們要為一個名不見經傳的財務公司做行銷定位，雖然沒沒無名，這家公司的客戶名單上，卻包括了百分之八十以上的《財富》排名前一千家美國企業。這個驚人的事實激發我們想做一個老王賣瓜自賣自誇的廣告，用他們的名字來取代螢幕上出現的每一個他們客戶品牌的名字——不管是車子的，是啤酒的，還是包包的。這支「名字背後的名字」的廣告真的很正點，因為雖然他們沒什麼名氣，他們卻是這麼多名牌成功背後的財務推手。

雖然這家公司的執行長被我們的廣告逗得很樂，卻不認為他公司值得廣告得如此虛張聲勢。嘿，在這兵荒馬亂的市場中，能夠不好意思嗎？想想看，如果英特爾（**Intel**）的執行長在宣傳「內在的英特爾（**Intel inside？**）」的時候說：「我們只是電腦的一個硬體，我們沒有那麼重要！」會是什麼狀況？如果你不是你自己最積極的擁護者，那誰是呢？

儘管如此，你也得知道對客戶要適時把溫和的遊說改成強硬的態度。往往，我們很善於走回去，然後說：「好吧，那也許下次吧！」但有一次，基於女性的直覺，我們就是完全不留餘地。

羅蘋和我跟一家公司的代表見面，我們非常想幫他們做廣告。我們聽說這個客戶非常保守，但我們確信他們一旦看到我們做出來的東西，就會跟我們簽約。可是，當我們放完我們公司的簡介影片，卻沒聽到一點嘆息聲或笑聲，我們知道這下麻煩了。然後，我們開始一頭栽進我們的一鳴驚人哲學。但那就像在對一幅油畫做介紹，每個人都無動於衷。羅蘋和我舉步維艱，決定要讓客戶瞭解，一鳴驚人對於公司來說會有多大的助益。我們繼續用**PowerPoint**把我們每個個案研究秀出來，把我們的經驗毫不保留地說出來。結束時，在一陣很長的死寂之後，我們盼望中的客戶總算紆尊降貴地跟我們說話：「你知道，我在很多大企業做過，你們當然可以說護髮或是保險是很複雜的，但我要跟你們說，訂做家具這一門行業是你們在做了很多年之後，還是不能真正瞭解的。」

「真的嗎？」羅蘋放膽反駁他：「我不認為有那麼難耶！你賣櫃子的嘛！大家都知道怎麼用這些東西啊！你打開門，把盤子放進去，然後再關門。」不消說，我們沒有和這個客戶合作。

這件事之後，我們也釋懷了。我們的哲學和做事方式不見得適合每個人，也不是每個人都準備好要跳進我們劃時代一鳴驚人的行銷宣傳中。

讓你的個人生活也一鳴驚人

在廣告公司從事創意工作，其中一個真的很棒的副產品就是你會自然而然就把這一套用在你個人的生活上。而且有時候還是以最不可能的方式去一鳴驚人。

十三年前，我被診斷出有乳癌，雖然最後他們告訴我，我的病應該是「治好」了，我的醫生還是建議我不要生小孩。我在多次嘗試懷孕不成功之後，因為拒絕把「不行」當成答案，我決定和拉瑞・諾頓（**Larry Norton**）醫師見面，問問他的意見，他是世界上乳癌腫瘤學的權威。

做完檢查之後，我坐在諾頓醫師位於史隆基達寧紀念癌症中心（**Memorial Sloane-Kettering**）的辦公室，等待他的意見。他跟我說：「你已經痊癒了，可以懷孕啦！」我開心極了，問他說：「我要怎麼謝謝你呢？」他笑得像是一個不習慣傳播好消息的人一樣，親切的回答我：「你只要寄一張你寶寶的照片給我就好了！」

經過兩年的努力，我真的懷孕了，接著生了一個漂亮的男孩，麥可。三年之後，我們又幸運地有了一個可愛的女孩，艾蜜莉。我想要把他們兩個的照片寄給諾頓醫師，但我心裡知道有一天我會發現一個方法來表達我的感激之情。六年之後，我總算找到一個方法寄出我一鳴驚人的感謝卡。

我獲邀參加一個向諾頓醫師致敬的早餐會，是由聯合猶太社區的女性經理人聯誼會贊助的活動。整個活動從頭到尾我都不能掩飾我的興奮。在一段精采的演講之後，諾頓醫師開始讓我們發問。為了要成為第一個發言的人，我高舉我的手而且站了起來。

我說：「諾頓醫師，我不知道你還記不記得我。但是十年前，我得了乳癌，然後在治療之後，雖然我外科醫師勸我不能生小孩，你還是告訴我說沒問題，我懷孕是安全的。當時你的意見對我來說，比世界上的任何東西都重要。我問你說我要怎麼謝謝你，你只是說：『你只要寄一張你寶寶的照片給我就好了！』」

諾頓醫師眼中閃過一絲模糊的回憶，他和悅地說道：「那把照片拿給我看吧！」我跟他說：「不只有一張照片，我有兩張。我們的女兒艾蜜莉現在已經六歲了。我們的兒子麥可九歲。麥可四歲開始玩西洋棋，他五歲的時候在全美幼稚園西洋棋大賽中獲勝。現在他是全世界屬一屬二的兒童西洋棋棋手。他剛剛才從西班牙回來，他在那裡參加一年一度的世界青少年西洋棋大賽。兩三年前，有一本書寫到我兒子的成就。今天早上麥可上學前，我跟他提到你，讓他知道你使我們的生命有了多大的改變。所以麥可想說，也許你會想要一本他的書，他在上面親筆為你簽了名。」

全場肅靜，諾頓醫師，有點哽咽的說道：「這是我得過最好的禮物之一。這就是我為什麼要這麼做的原因。」會場爆出一陣掌聲，我幾乎不能呼吸。我等了好多年才能謝謝他，現在這件事會成為一輩子的回憶。

然後，突然之間，在歡笑和眼淚橫掃全場的時候，我旁邊一名女士傾身低語：「現在是柯達時刻。」

第11章

這本書其實可以寫得又臭又長，但是我們並沒有那樣做，我們認為聰明的你在看完本書後一定知道原因。